Sitzungsberichte der
Akademie der Wissenschaften der DDR
Mathematik — Naturwissenschaften — Technik

Jahrgang 1975 · Nr. 3/N

Konstruktionswerkstoffe

AKADEMIE-VERLAG · BERLIN
1975

Vorträge, die auf dem Kolloquium
„Bruch und Plastizität — Konstruktionswerkstoffe“
am 4. 11. 1971 gehalten wurden
sowie ein Vortrag von Dr. H. Rötger vom 2. 5. 1973

Herausgegeben im Auftrage
des Präsidenten der Akademie
der Wissenschaften der DDR
von Vizepräsident Prof. Dr. Heinrich Scheel

Erschienen im Akademie-Verlag, 108 Berlin, Leipziger Str. 3/4

Lizenznummer: 202 · 100/251/75
Gesamtherstellung: VEB Druckhaus Köthen
Bestellnummer: 752 818 7 (2010/75/3/N) · LSV 3015
Printed in GDR
EVP 9,60

Inhalt

M. Balarin

Physikalische Anschauungen zur Festigkeit und zur Zerstörung von Festkörpern

Konstruktionswerkstoffe umgeben uns überall. Solche Werkstoffe sind in der Geschichte der Menschheit ganz natürlich benötigt worden. Ihre Entwicklung geht Jahrtausende zurück, so daß wir uns heute oft fragen: Können wir noch wesentliche Fortschritte erreichen? Oft aber stehen wir auch vor der Situation, daß wir wesentliche Fortschritte unbedingt erreichen müssen. Ich möchte hier einige Aspekte behandeln und den Vorspann für alle nachfolgenden Redner auf diesem Akademie-Kolloquium über „Bruch und Plastizität — Konstruktionswerkstoffe und ihre volkswirtschaftliche Bedeutung" bieten. Dabei werden absichtlich oft Eigenschaften für ganz unterschiedliche Stoffgruppen nebeneinandergestellt, und es werden auch Möglichkeiten einer Übertragung oder Nichtübertragung zwischen den verschiedenen Stoffgruppen erwähnt werden.

Für Sie alle ist bekannt, daß wir solche Fragen wie die Substitution von Werkstoffen sehr ernsthaft betrachten und den Bedürfnissen allseitig entsprechend behandeln müssen, damit wir nicht nur einem Modetrend zuliebe zu schnell einen Werkstoff gegen den anderen auszutauschen versuchen. Zugleich sei vorweggeschickt, daß es keinen universalen Werkstoff gibt, der alle Bedürfnisse erfüllt, daß es auch in der Natur eine solche Möglichkeit nicht geben wird, d. h., daß wir also sehr spezifisch und auch unter Beachtung der jeweiligen Einsatzgebiete und Einsatzbedingungen die Werkstoffe auswählen und gezielt entwickeln müssen.

Im folgenden soll von den Fragen ausgegangen werden:

- Welche verschiedenartigen Einflußfaktoren sind in phänomenologischen Beispielen zu erkennen, und wie kann die makroskopische mechanische Verhaltensweise ausgewertet werden?
- Welche Prozesse und Wechselwirkungen sind für die mechanischen Eigenschaften verantwortlich, und welche Elemente der Realstruktur, ihre Stabilität, Beweglichkeit und Reaktionsfähigkeit spielen eine Rolle?
- Wie kommt es zu Bruchvorgängen, und welche Rückschlüsse erlauben Bruchflächen?

Ich glaube, daß die jeweilige spezifische Betrachtung für die einzelnen Stoffgruppen bzw. auch die Fragen der Prüfung und die entsprechende werkstoffgerechte Konstruktion durch meine Nachredner im einzelnen behandelt werden.

Ich darf aber vielleicht noch einmal zu Anfang erwähnen, daß Konstruktionswerkstoffe in Gebäuden, in Gefäßen, in Leitungen, in Transportmitteln, in Maschinen und in Werkzeugen sehr unterschiedlich und vielseitig eingesetzt sind. Es geht hauptsächlich darum, das mechanische Verhalten für die Massenwerkstoffe aufzuklären. Aber man kommt heute auch schon zu Fragen beispielsweise des entsprechenden mechanischen Verhaltens bei Dünnschichtelementen der Mikroelektronik, und wir müssen dort die Prozesse und atomaren Vorgänge in immer feineren Dimensionen verfolgen.

1. Phänomenologie mechanischer Eigenschaften

Ich möchte damit anfangen, daß ein Festkörper zunächst einmal fest sein sollte, wie auch das Wort sagt. Aber er ist nicht unveränderlich, und er ist nicht starr. Wenn wir an einen Festkörper eine Kraft anlegen, wird er sich dehnen, und zwar zunächst proportional zur angelegten Kraft, das wird durch das Hookesche Gesetz beschrieben, als Kennwert benutzt man den Elastizitätsmodul (Abb. 1). Aber wir kennen noch eine ganze Reihe anderer Begriffe, zum Teil synonym, die das mechanische Verhalten charakterisieren. Gleich hier sei gesagt, daß es in der Praxis nicht allein auf den Elastizitätsmodul ankommt; Konstruktionswerkstoffe müssen noch andere Eigenschaften besitzen. Einige sollen eine federnde Wirkung haben, einige sollen dämpfend sein, weitere flexi-

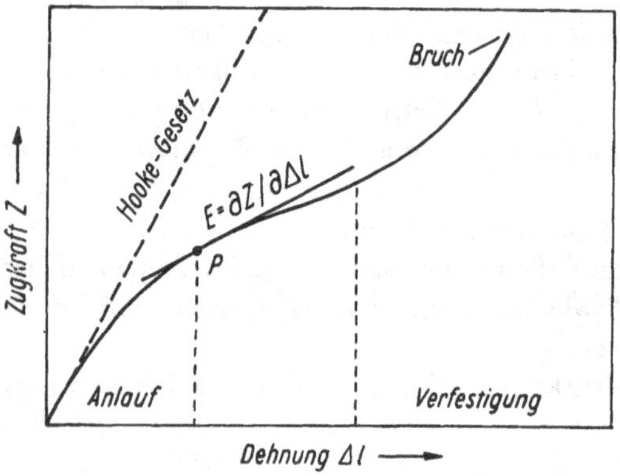

Abb. 1. [1] Prinzipbild der Zug-Dehnung bis zum Bruch mit Anlauf und Verfestigungsgebiet.

bel, andere müssen steif sein. Das sind Eigenschaften, die oft nicht durch eine physikalische Kenngröße genügend charakterisiert sind.

Bei höherer Belastung gibt es dann Bereiche, wo der Stoff der Kraft besser nachgibt, wo er fließt, und man beobachtet danach wieder Bereiche, wo für eine weitere Dehnung wieder eine größere Kraftsteigerung nötig ist; hier spricht man von einer sogenannten Verfestigung. Bei der Überbeanspruchung tritt dann in sehr unterschiedlicher Weise das Bruchverhalten ein. Alle diese Etappen bestimmen das Verformungs- und Festigkeitsverhalten; oft ist es auch zweckmäßig, die einzelnen Etappen der in der Abb. 1 gezeigten Verformungskurve gesondert zu untersuchen.

Häufig sind Materialien nach ihrer jungfräulichen Herstellung zunächst recht plastisch. Wenn man eine erstmalig angelegte Spannung wieder wegnimmt (Abb. 2), beobachtet man, daß eine geringe bleibende Veränderung festzustellen ist. Das gesamte Verhalten ist also nicht vollkommen elastisch und reversibel. Bei der nächsten Belastung und dem Rücklauf gibt es wieder solche plastischen Anteile. Wenn das fortgesetzt wird — Werkstoffe sind beispielsweise schwingenden Beanspruchungen ausgesetzt —, dann wird sich mit der Zeit akkumulieren, was in dem Einzelzyklus vor sich geht. Es entsteht eine Alterungserscheinung, die als ein besonderes Problem gilt: die mechanische Ermüdung.

Ich möchte darauf heute nicht weiter eingehen, aber es gibt dafür ebenfalls phänomenologische Zusammenhänge, z. B. zwischen den Beanspruchungsamplituden, der Zahl der Lastwechsel und der Ausfallrate, z. T. abhängig von der Frequenz der harmonischen Belastung, aber im Betriebsfall auch bei unharmonischer Beanspruchung der Stoffe.

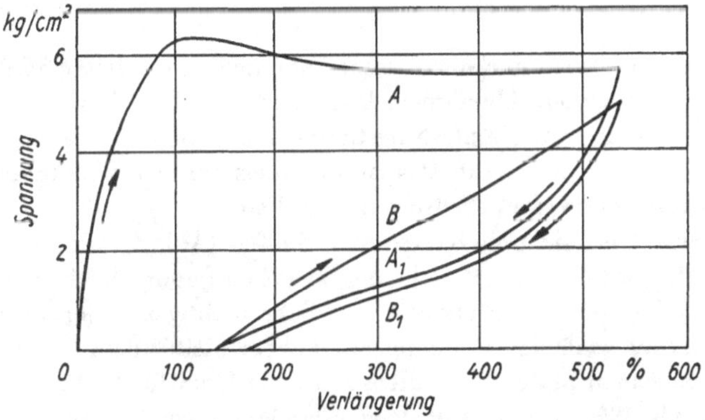

Abb. 2. [1] Spannungs-Dehnungsdiagramm von Naturkautschuk, 2 Zyklen, bei Zimmertemperatur (nach L. Hock und H. Boström). Erste Dehnung (A), jungfräulich.

Der Elastizitätsmodul unterscheidet sich für Stahl gegenüber Kautschuk um 6 Größenordnungen (Abb. 3), es ist also nicht in jedem Falle möglich, hier Substitutionen gegeneinander durchzuführen. Aber — und das soll nochmals

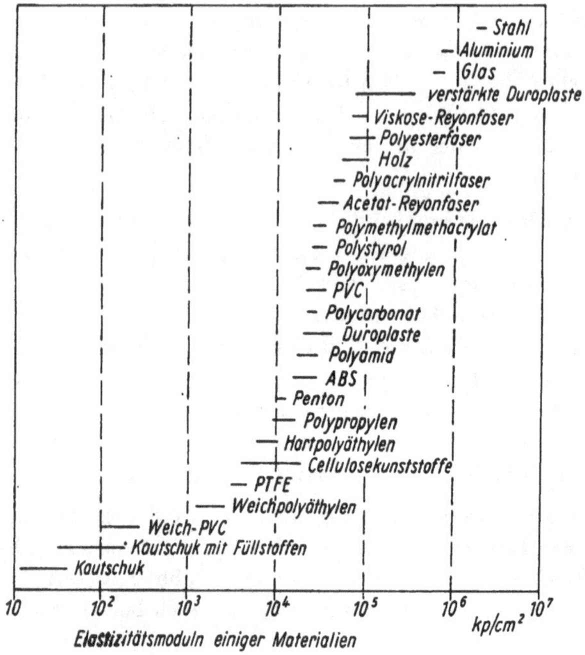

Abb. 3. [2].

betont werden — es kommt auch gar nicht immer auf den Elastizitätsmodul an, obwohl bei vielen technischen Abnahmebedingungen nur der Elastizitätsmodul bestimmt wird, weil er relativ einfach bestimmbar ist. Diese Größe wird oft den Einsatzbedingungen nicht gerecht. Das ist allerdings bei vielen weiteren mechanischen Eigenschaftskennwerten ebensowenig der Fall.

Eine andere Eigenschaft ist die Dehnbarkeit von Stoffen (Abb. 4), sie kann sich um etwa vier Größenordnungen unterscheiden zwischen gummielastischen, sehr dehnbaren Materialien und Stahl andererseits. Sehr wichtig ist aber auch die bis zur Bruchauslösung zulässige Dehnung mit hohem bleibendem, plastischem Anteil für die einzelnen Materialien, diese Dehnung kann für bestimmte Ionenkristalle kleiner als 1‰, für verschiedene Metalle wenige Prozent, dagegen aber für die sog. superplastischen Legierungen mehrere 100% betragen. Solche Verformungskurven zeigen, daß der Elastizitätsmodul, genaugenommen, keine Konstante ist, und außerdem ist zu beachten, daß er noch von weiteren Versuchsbedingungen abhängig ist. Bei genauerer Messung ist auch der Anfangsbereich für kleinste Belastungen keine rein elastische Gerade

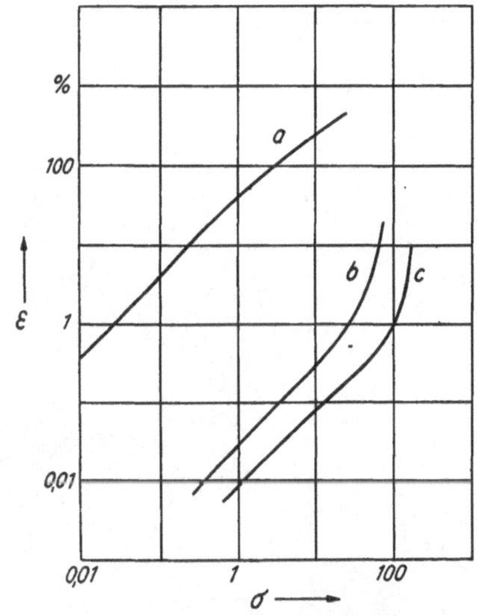

Abb. 4. [3] Zugdehnungsverhalten von Stahldraht, harten Kunststoffen und kautschukelastischen Stoffen in logarithmischer Darstellung.
Kurve a — für Gummi;
Kurve b — für plastischelastische Stoffe;
Kurve c — für Stahl.

(Abb. 5). Selbst bei ganz geringen Dehnungen, die im Verhältnis zur Probenabmessung weniger als 10^{-5} betragen, laufen bereits im Material Prozesse ab, die nicht im thermodynamischen Gleichgewicht stattfinden und die schon im Prinzip irreversibel erfolgen. Bei ihnen wird eine gewisse potentielle Energieerhöhung und damit ein angeregter Zustand im Stoff geschaffen, und es bleibt auch ein plastischer Anteil zurück. Heute ist zu erkennen: Die Bestimmung der Punkte, wo die elastische Gerade sich zu einer Hysterese öffnet und wo der plastische Anteil erstmalig zurückbleibt, ist eine Frage der ständig verfeinerten Meßempfindlichkeit.

Bis in noch viel kleinere Belastungen hinein vollzieht sich bereits im Material ständig etwas im atomaren Bereich. Was ist das? Es sind Prozesse entweder der Beweglichkeit einzelner Atome, man kann das als diffusionsartig bezeichnen, oder es sind Prozesse, die bereits mit einem Ensemble von Atomen zusammenhängen. Zum Beispiel können solche Anordnungen wie die Versetzungen auf ganz bestimmte Weise ein elastisches und plastisches Verhalten herbeiführen. Man muß also feststellen: Solche Größen wie der Elastizitäts-

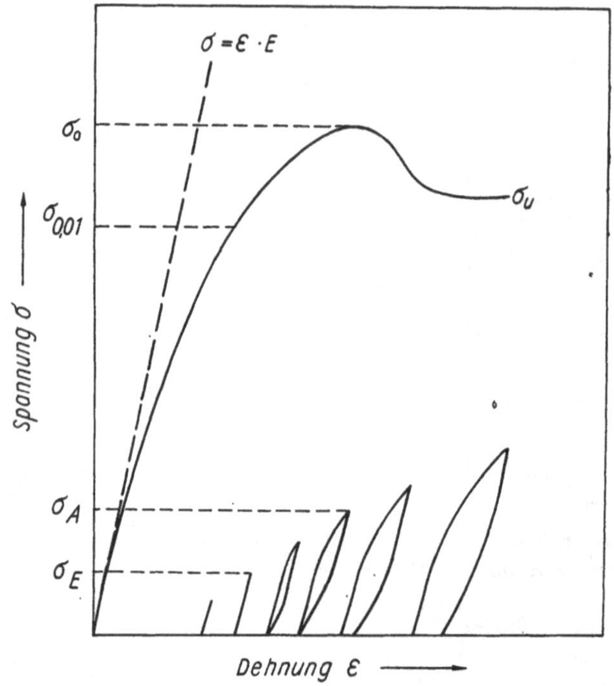

Abb. 5. Verformungshysteresen; ab σ_E erfolgt die Verformung nicht mehr rein elastisch, ab σ_A verbleibt auch nach Entlastung eine plastische Dehnung.

modul, noch mehr aber die Festigkeit, Härte, Zähigkeit u. a., sind im Grunde genommen nicht exakt genug bestimmbar und, wenn man es genaunimmt, physikalisch nicht einmal eindeutig definiert. Wenn solche atomaren Vorgänge ablaufen, dann sind sie ganz gewiß temperaturabhängig. Bei jeder Be- oder Entlastung gibt es Anteile (Abb. 6), die für eine konventionelle Beobachtung momentan ablaufen, und andere Anteile erfolgen mit einer verzögerten Nachwirkung. Gerade diese Nachwirkung kann man beschleunigen, indem man die Temperatur erhöht. Für die Prozesse, die in einer endlichen Zeit ablaufen, wird auch die Belastungs-Beanspruchungsgeschwindigkeit solche Vorgänge beeinflussen.

Abb. 7 zeigt ein Material, das mit der gleichen Belastung, aber bei unterschiedlichen Geschwindigkeiten beansprucht wurde. Wenn sehr schnell gearbeitet wird, wird es nicht dazu kommen, daß die plastischen Anteile sich bereits stark entwickelt haben. Je mehr Zeit gelassen wird, um so mehr atomare Bewegungsschritte werden zu bleibenden makroskopischen Veränderungen führen.

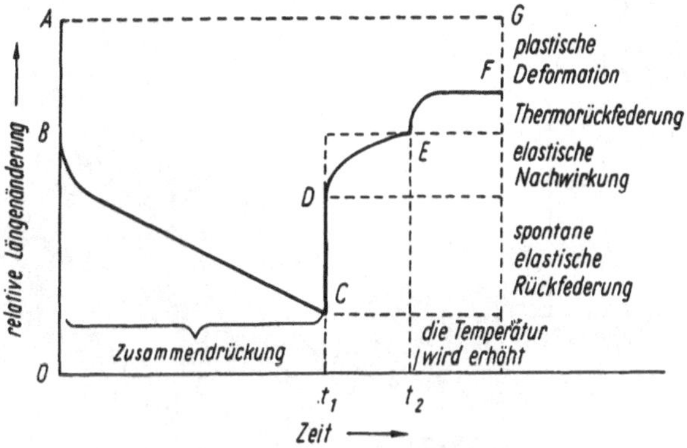

Abb. 6. [1] Prinzipbild der Deformation, Zug, Entlastung, elastische Nachwirkung, Thermorückfederung bei Temperaturerhöhung (nach Houwink).

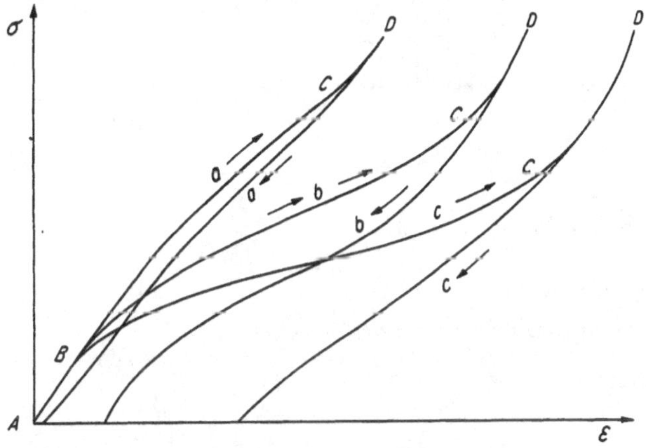

Abb. 7. [3] Zugdehnungsdiagramm
a — große Verformungsgeschwindigkeit;
b — mittlere Verformungsgeschwindigkeit;
c — kleine Verformungsgeschwindigkeit.

Eine weitere wichtige Tatsache, die gerade in bezug auf das Bruchverhalten beachtet werden muß, ist, daß ein Material sich nicht gleichmäßig verformt (Abb. 8). Bei kleineren Beanspruchungen ist das zunächst nicht zu bemerken, aber es tritt ein Moment ein, wo eine Stelle im Körper besonders nachgeben

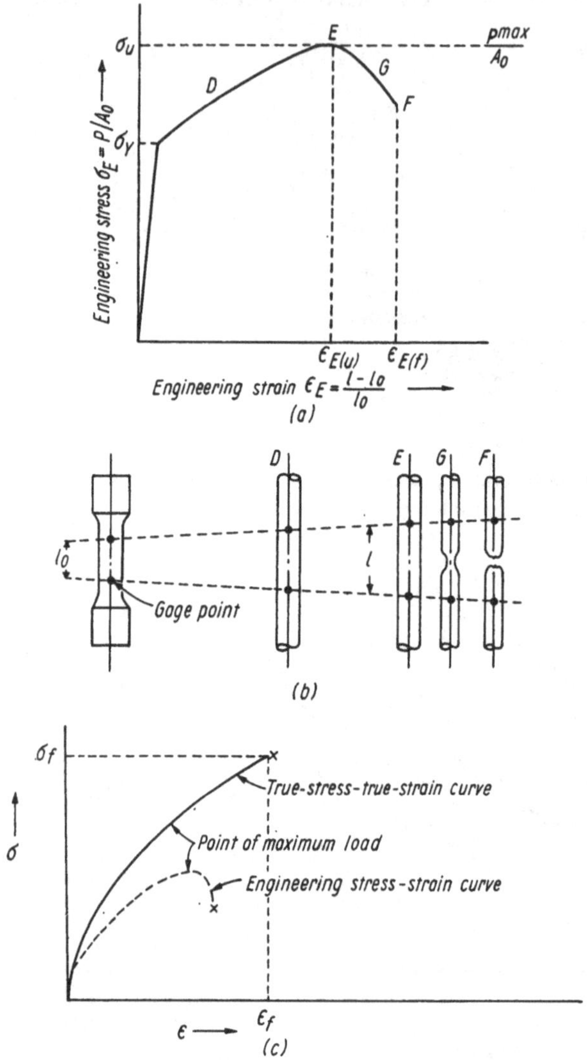

Abb. 8. [4]. Verhältnis von Last-Verlängerungs- zu Spannungs-Dehnungskurven bei inhomogener Verformung der Probe.

kann. Beim Zugversuch bilden sich Anfänge einer Querschnittseinschnürung aus, und das bedeutet, daß an dieser Stelle eine auf die Fläche bezogene höhere Belastung auftritt. Die weitere Entwicklung hängt davon ab, ob das Material die Eigenschaft hat, sich bei der weiteren Verformung an dieser Stelle so viel stärker zu verfestigen, daß die Querschnittsminderung sich wieder ausgleicht, wie z. B. bei den superplastischen metallischen Legierungen, oder aber in der Konsequenz erfolgt an dieser Stelle die Zerstörung. Es ist noch erforderlich, solche Einflußfaktoren und gegenseitigen Abhängigkeiten genauer zu ermitteln und auch die zugrunde liegenden Mikroprozesse aufzudecken, um das Makroverhalten beherrschen und durch günstige Werkstoffzusammensetzung und -bearbeitung beeinflussen zu können. Wenn hier alles nur am Beispiel des Zugversuches behandelt wurde, dann ist trotzdem zu beachten, daß das Verhalten der Werkstoffe in den verschiedenen Verformungsbereichen z. B. des leichteren Fließens oder der Verfestigung im Sinne von Technologien genutzt wird. Die meisten Materialien werden in ihre Gebrauchsform eben durch mechanische Bearbeitung gebracht, und dazu muß sinnvoll und optimal berücksichtigt werden: wie weit kann durch ganz bestimmte Arten der mechanischen Beanspruchung eine gewünschte Form erzielt werden; wann wird die Verfestigung so einsetzen, daß eine weitere Formgebung praktisch das Endziel in Frage stellt; wann muß also eine Entfestigung durch Wärmebehandlung dazwischengeschaltet werden, und oft wird das stufenweise zu wiederholen sein. Die Kenntnis solcher Zusammenhänge ist nicht nur wichtig, um aufzuklären, wie ein höchstfestes Material erhalten oder der Bruch verhindert werden kann, sondern sie ist genauso wichtig, um die Fragen der rationellsten Formgebung, des entsprechenden Energieaufwandes, der Produktivität usw. zu behandeln.

Ein anderes Beispiel (Abb. 9 a und 9 b) weist aus, daß eine äußerst geringe, einmalige Belastung bereits im Material eine strukturelle Veränderung hervorruft. Auf reinem einkristallinem Molybdän ist mit einer Belastung von 15 kp ein Mikrohärteeindruck erzeugt worden. Zu sehen sind in verschiedenen Tiefen unter der Oberfläche nach Abätzen die Anordnungen der Versetzungen bzw. die anätzbaren Durchstoßpunkte. Während der Belastung wurden sie vervielfacht und haben sich in typischer inhomogener Weise angeordnet. Diese Tiefenverteilung reicht hier bis zu mehreren 100 μm. Durch die Belastung werden Prozesse ausgelöst, die bis in eine solche Tiefe hinein ablaufen. Mit der Versetzungsvervielfachung erfolgt auch eine Versetzungswechselwirkung, so daß sich hier z. T. die Versetzungen gegeneinander verspannen, lokal recht unterschiedliche Spannungsverhältnisse entstehen und damit auch die weitere Einwirkung und das noch tiefere Eindringen abgebremst werden.

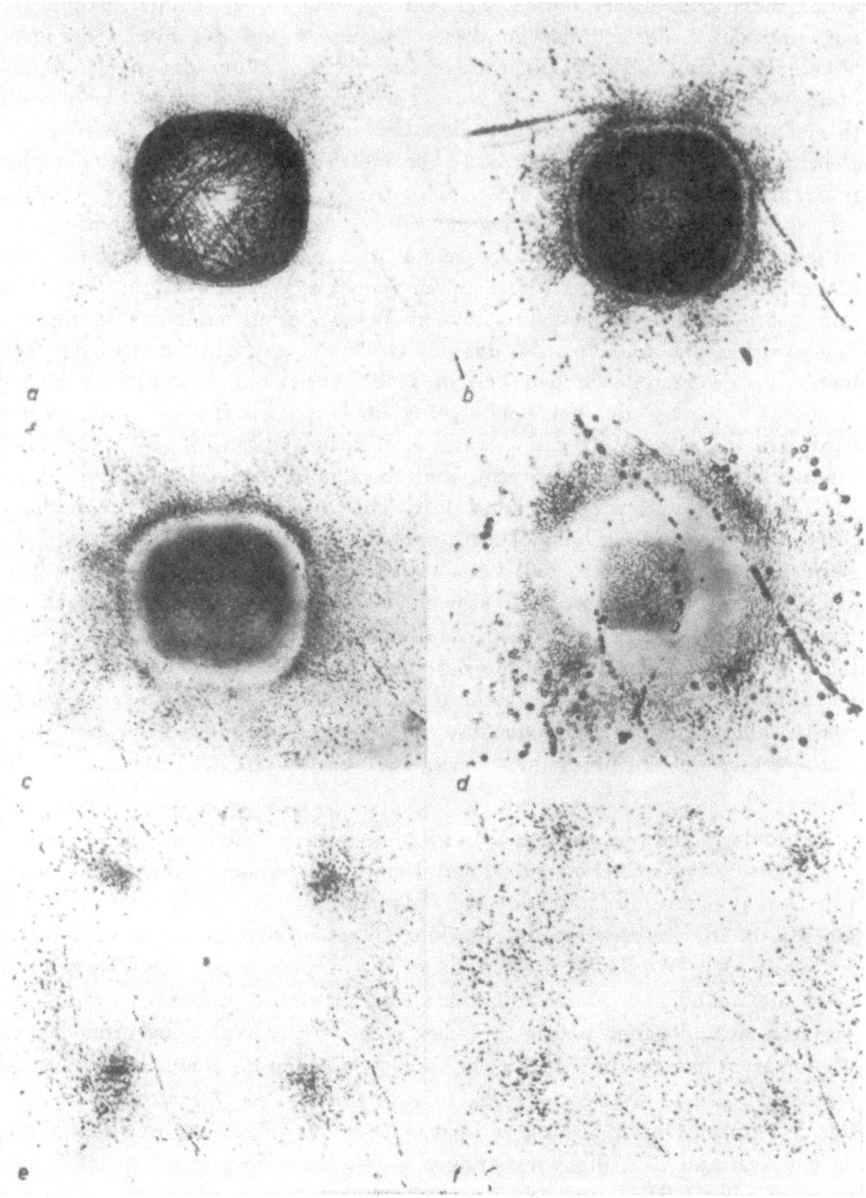

Abb. 9 a.

Wenn das Material rekristallisiert wird (Abb. 9 b), dann ordnet sich das Versetzungsnetzwerk um. Viele Versetzungen annihilieren. Die Spannungen relaxieren, aber diese Relaxation geht nicht so weit, daß die Versetzungen vollkommen verschwinden. Es gibt weniger dichte, recht symmetrische Verteilungen, die ein wesentlich entspannteres bzw. weicheres Material bedeuten, das in diesem rekristallisierten Zustand wieder besser verformbar ist.

2. *Realstruktur und mechanische Eigenschaften*

In Lehrbüchern über Festkörperphysik wird sehr ausführlich der reine und ideale Kristall behandelt. Außerdem gibt es Kapitel über einzelne Defektarten. Es ist so, daß diese verschiedenen Defekte in unmittelbarer Wechselwirkung stehen, praktisch unvermeidlich sind und durch ihre Anwesenheit das Material beeinflussen. Hier sei nur gegenübergestellt, daß z. B. in einem metallischen oder ionogenen Mischkristall selbst bei ausgebildeter Nah- und Fernordnung Bereiche mit den verschiedenartigen Punktdefekten (Fremdatome, Zwischengitteratome usw.) aneinandergrenzen (Abb. 10), daß diese Grenzen verschiedene Formen und Ausmaße annehmen können (Antiphasengrenzen, Zwillingsgrenzen, Klein- und Großwinkelkorngrenzen).

Trotz wichtiger Unterschiede, gegeben durch die Polymerketten als Bausteine, weisen Polymere eine ähnliche Fehlordnungsstruktur auf (Abb. 11). Es gibt Bereiche, wo davon gesprochen werden kann, daß eine ausgeprägte Ordnung vorhanden ist, daneben treten nichtkristalline Gebiete auf und außerdem sehr unterschiedliche Formen einer Fehlbildung der Periodizität.

Auch der Übergang zum Glaszustand kommt vor (Abb. 12). Man könnte jetzt noch das Beispiel eines Modells für Holz anführen, bei dem miteinander oder nebeneinander zwei Komponenten vorhanden sind, die zwei ganz unterschiedliche Eigenschaften aufweisen. Es kommt darauf an festzustellen, daß *eine* Komponente, die Zellulose, sehr gut geeignet ist, um einen Druck aufzunehmen; bei einer Zugbeanspruchung versagt sie. Die *andere* Komponente, das Lignin, gleicht das genau aus. Sie kann keinen Druck vertragen, aber sie sorgt dafür, daß das Material zugfest wird. Wir sehen also, in einem einzigen Material, gut kristallin oder aufgebaut aus polymeren Ketten, gut oder weni-

Abb. 9 a. [5] Serie von Ätzfigurenaufnahmen einer Molybdänprobe nach einem Kugeleindruck mit 15 kp bei 293 K auf eine (100)-Fläche; Durchmesser des Kugeleindrucks etwa 400 μm; Tiefe 16 μm; örtliche Belastung: etwa 150 kp mm^{-2}
a) Oberfläche; b) 15 μm; c) 30 μm; d) 90 μm; e) 210 μm;
f) 230 μm Abtragung.

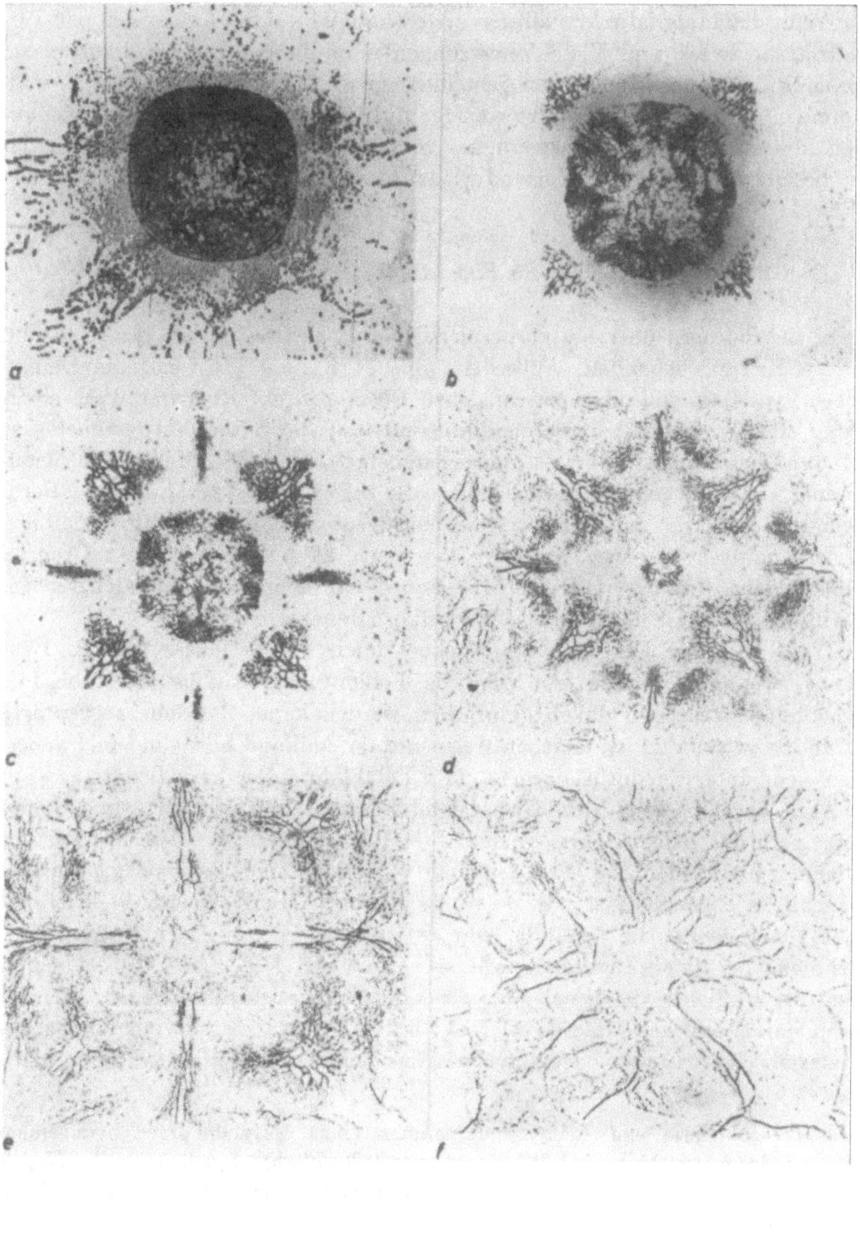

Abb. 9 b.

ger gut geordnet in bezug auf die Fernordnung bis hin zu organischen Substanzen, findet man nebeneinander Bereiche, die einer äußeren Belastung unterschiedlich nachgeben. Das ist vielleicht am ehesten einleuchtend am Bei-

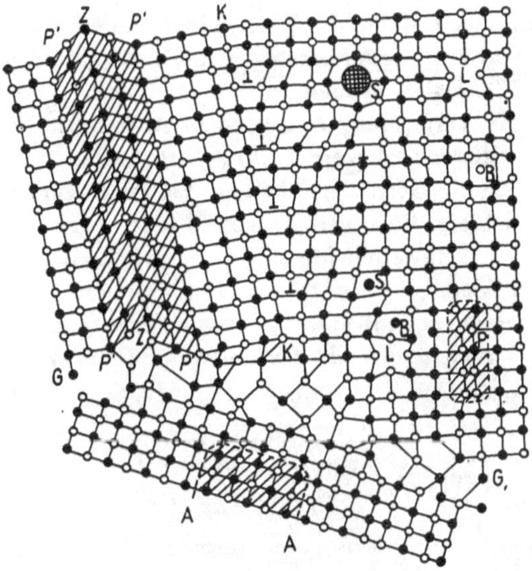

Abb. 10. [6] Zweidimensionaler Ausschnitt aus einem schematischen Gefüge von geordneten Substitutionsmischkristallen.
L = Leerstelle, B = Zwischengitteratom, S = Fremdatom, = Versetzung, A = Antiphasengrenze, Z = Zwillingsgrenze, K = Kleinwinkelkorngrenze, G = Großwinkelkorngrenze, P = Kohärente Phasengrenze durch Entmischung, P′ = Kohärente Phasengrenze durch Scherung.

spiel einer Polymerkette. Um sich das einmal vorzustellen: In der Mitte der Kette befinden sich die Kohlenstoffatome; bei einer mechanischen Belastung bricht diese Kohlenstoffbindung niemals. Die schwächste Bindung wird an anderen Stellen sein, z. B. zwischen den kristallinen Bereichen, und die makroskopischen Eigenschaften werden davon und nicht von der Kohlenstoffbindung bestimmt. Genauso ist das auch in allen anderen Materialien. Deshalb ist sowohl das plastische Verhalten als auch das Bruchverhalten immer wieder auf

Abb. 9 b. [5] wie 9 a, anschließend an die Verformung 5 Stunden bei 2000 °C im Hochvakuum geglüht
a) Oberfläche; b) 60 µm; c) 110 µm; d) 170 µm; e) 300 µm;
f) 480 µm Abtragung.

solche Störungen zurückzuführen, und deshalb kommt der sogenannten Realstruktur der Stoffe eine außerordentliche Bedeutung und Beachtung zu. Eine Form solcher Störungen soll nur ganz kurz angedeutet werden, in den folgenden Vorträgen wird sicher näher darauf eingegangen.

Wenn eine Versetzung in einem realen Material mit einer bestimmten Spannung beansprucht wird, dann bewegt sich diese Versetzung mit einer ganz bestimmten Geschwindigkeit (Abb. 13). Dabei handelt es sich um Spannungen, bei denen meßbare makroskopische Verformungen entstehen. Aber auch bei Versetzungen muß schon wieder differenziert werden, so haben Stufen- und Schraubenversetzungen unterschiedliche Geschwindigkeiten. Sie sind zudem auch unterschiedlich temperaturabhängig. Eventuell ist gerade hierauf zurückzuführen, daß sämtliche kubisch-raumzentrierten Metalle — dazu gehören das Eisen und die hochschmelzenden Metalle — bei tiefen Temperaturen ganz typische Versprödungserscheinungen aufweisen. Was für Versetzungen gilt, gilt in analoger Weise auch für das Wirken und Verhalten anderer Baufehler.

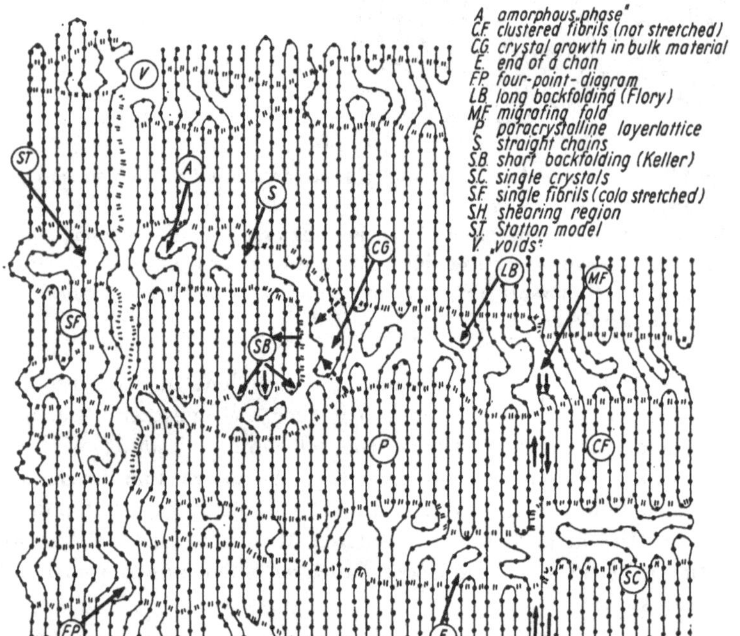

Abb. 11. [7] Modell des linearen Polyäthylens nach Hosemann.

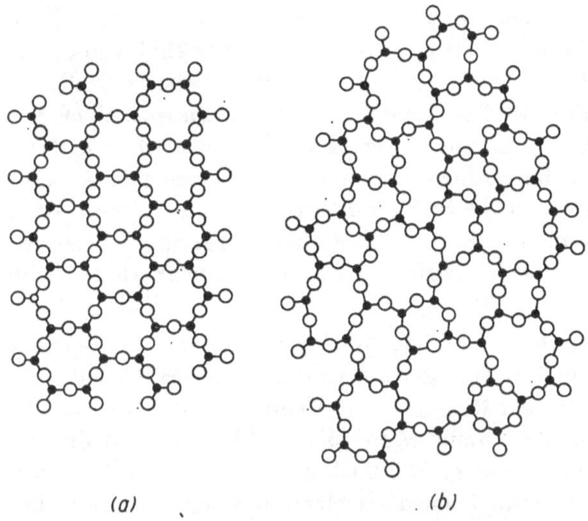

Abb. 12. [4]. Strukturmodelle für den glasigen Zustand.

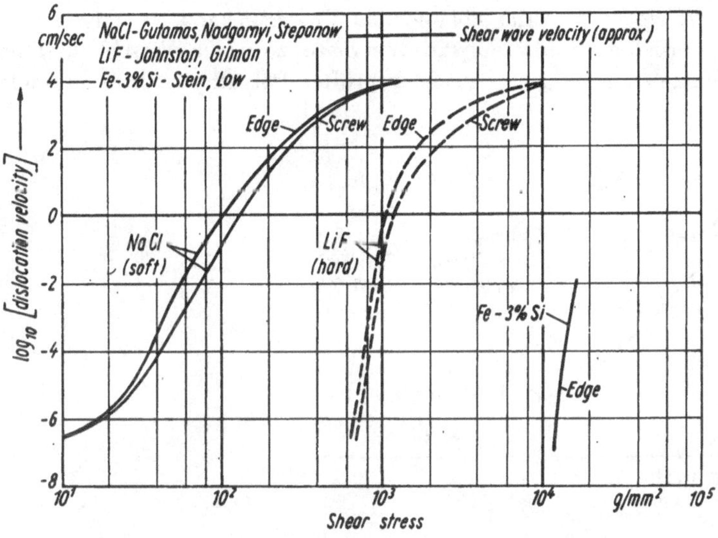

Abb. 13. [8]. Abhängigkeit der Versetzungsgeschwindigkeit von der angelegten Schubspannung, verschiedene Stoffe, bei Raumtemperatur.

Die Tieftemperaturversprödung ist auch für die Mehrzahl anderer Stoffe sehr markant (z. B. Glas, Gummi), nur nicht immer mit einer ähnlichen Streckgrenzenerhöhung verbunden. Es soll aber noch erwähnt werden, daß die Belastungsgeschwindigkeit mit ausschlaggebend für das Verhalten ist, weil effektiv die Werte für die Fließspannung und für die Streckgrenze geschwindigkeitsabhängig und zugleich etwas unterschiedlich temperaturabhängig sind (Abb. 14). Bei einer ausreichend langsamen Belastung wird sich das Material noch strekken, bei der gleichen Temperatur bei schneller oder schlagartiger Beanspruchung aber spröd zerstört werden. Natürlich gibt es dazwischen noch gemischte Bruchabläufe.

Welche sogar qualitativ unterschiedlichen Abhängigkeiten von der Temperatur und von der Geschwindigkeit vorkommen, erkennt man aus der aufnehmbaren Schlagenergie (bis zur Zerstörung der Prüfkörper), angegeben für ein Polymer bei erhöhter Raumtemperatur (Abb. 15); zu beachten sind die Stufung und der für alle Temperaturen gleiche niedrige Wert für hohe Geschwindigkeiten. Bei höherer Temperatur können im Material atomare Prozesse besser ablaufen, das Material kann plastisch nachgeben und die Spannung relaxieren und umgeht damit den kritischen Zustand.

Unbedingt muß eine weitere Tatsache beachtet werden, wenn es darauf ankommt, Werkstoffe in Bauten oder Anlagen einzusetzen. Die langzeitige Akkumulation der in einem Material ablaufenden Prozesse kann zu einer neuen Qualität des Verhaltens und unerwünschterweise zu einer Verschlechterung führen. So konnte man in dem Beispiel geprüfter Polyäthylenrohre aus dem

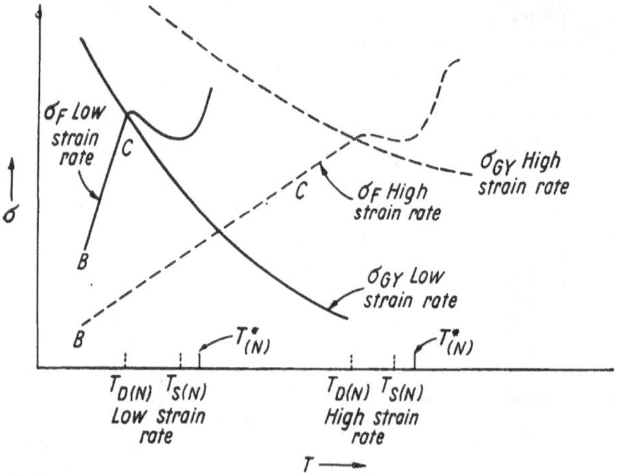

Abb. 14. [4]. Zur Temperaturabhängigkeit der Fließ- bzw. Streckgrenze bei niedriger und bei hoher Belastungsgeschwindigkeit.

Kurzzeitverhalten bis zum Einsetzen eines zähen Bruches bei niedrigen Temperaturen gar nicht erkennen (Abb. 16), daß später ein ziemlich spontaner Übergang zum spröden Brechen erfolgen wird und daß der bis dahin beob-

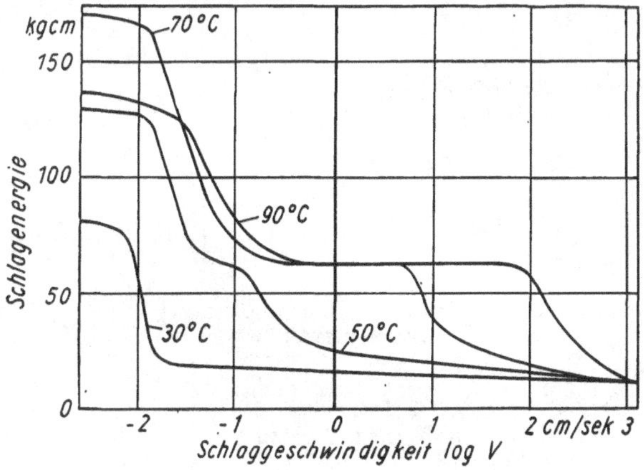

Abb. 15. [9] Abhängigkeit der Schlagenergie von Polymethylmethaerylat von der Schlaggeschwindigkeit v und der Temperatur.

achtete glatte phänomenologische funktionelle Zusammenhang zu einer falschen, zu optimistischen Extrapolation für die erreichbare Einsatzdauer verführen würde. Dabei sind wir leider noch weit davon entfernt, die zugrunde liegenden Prozesse und die Beziehungen zwischen Struktur und Eigenschaften ausreichend zu übersehen und zu verstehen.

Da Werkstoffe oft verformt werden müssen und da auch bei der Anwendung immer ein gewisses Nachgeben — plastisch oder elastisch — verlangt werden muß, hat man stets mehrere Kennwerte zu beachten. Welche Möglichkeiten sich bei verschiedenen Materialgruppen nur in bezug auf die Kombination Zugfestigkeit/Bruchdehnung bieten, zeigt Abb. 17. Für eine geeignete Substitution hat man die Eigenschaftsunterschiede dann eventuell durch werkstoffgerechte Änderungen in der konstruktiven Gestaltung auszugleichen.

3. Einiges zu Bruchvorgängen und zu Bruchflächen

Auch der Bruch eines Materials ist ein Vorgang mit verschiedenen Stadien, unterschiedlichen Mechanismen, stoffspezifischen Besonderheiten und abhängig von vielen Einflußfaktoren. Der Bruch muß auch als solcher genauer untersucht werden, um die zulässigen Belastungsgrenzen zu verbessern und sicherer zu erfassen; er ist nicht nur der Ausdruck für das einem Verbraucher plötzlich bemerkbar werdende Versagen.

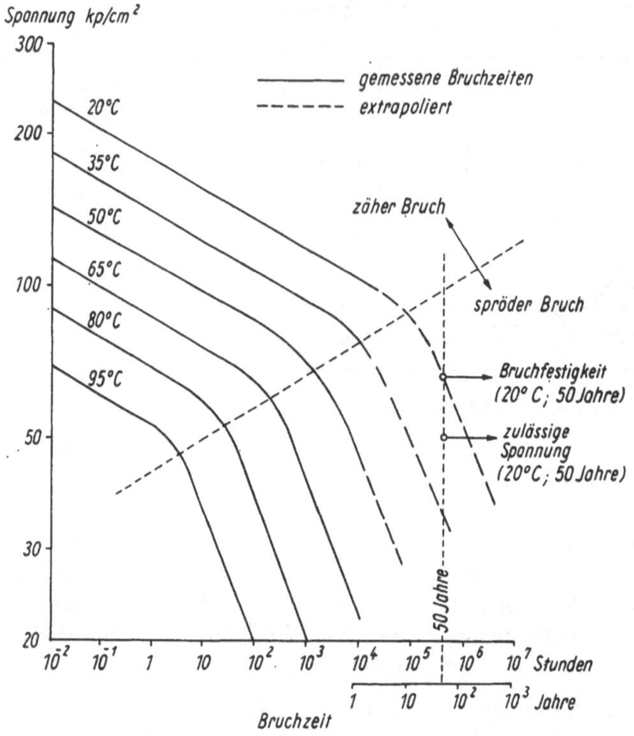

Abb. 16. [2] Zusammenhang zwischen Umfangsspannung und Zeit bis zum Bruch für Hartpolyäthylenrohre bei verschiedenen Temperaturen.

Der Bruch ist aber nicht nur als negatives Ereignis zu betrachten, sondern er hat beispielsweise ebenso Bedeutung bei der Spannung als typischer Form der Verarbeitung und bei der Zerkleinerung der verschiedenen Stoffe, einem Prozeß, der volkswirtschaftlich sehr viel Energie, Arbeitskräfte und Anlagen erfordert und der, physikalisch gesehen, durchgeführt wird mit einem äußerst schlechten Wirkungsgrad, z. T. noch wesentlich unter 1%.

Der Entstehung eines Risses geht häufig voraus, daß an einer Stelle im Material Spannungen konzentriert werden. Das kann sich ergeben, wenn in einem Kristall die weitere Bewegung von Versetzungen gehemmt wird und wenn diese sich aufstauen, z. B. an verschiedenen Inhomogenitäten (Abb. 18). Bei weiter steigender Belastung wird lokal die kritische Festigkeit überschritten.

Es ist wichtig zu beachten, daß genügend kleine Rißkeime noch stabil sind. Dazu ist folgende energetische Betrachtung angebracht. Die atomaren Verhältnisse an einer Rißspitze im Gleichgewicht zeigt Abb. 19 in Abhängigkeit von der Gesamtgröße des Risses 2 c. Soll der Riß in der Richtung x verbreitert werden, z. B. um einen Atomabstand a, so muß nach diesem Schema eine weitere Bindung gelockert werden, d. h., es muß Arbeit aufgewendet werden. Andererseits wird damit etwas Oberflächenenergie gewonnen. Bei kleinem Anriß und geringer Öffnung an der Rißspitze ist dieser Gewinn noch gering. Es gibt aber jeweils kritische Werte für die Rißgröße, bei denen der so erhaltene Energiegewinn größer wird als der Energiebetrag, der zur Lösung einer weiteren Bindung an der Rißspitze nötig ist. Wenn diese Rißgröße erreicht wird, dann kann bei der kleinsten Belastung die weitere Rißausbreitung lawinenartig bis zum vollständigen makroskopischen Bruch durch das gesamte kompakte Material ablaufen. Schon SMEKAL konnte zeigen, daß es unterschiedliche Geschwindigkeiten der Rißausbreitung gibt mit einem schroffen Übergang (Abb. 20) und daß sich das auch deutlich in der Bruchfläche widerspiegelt.

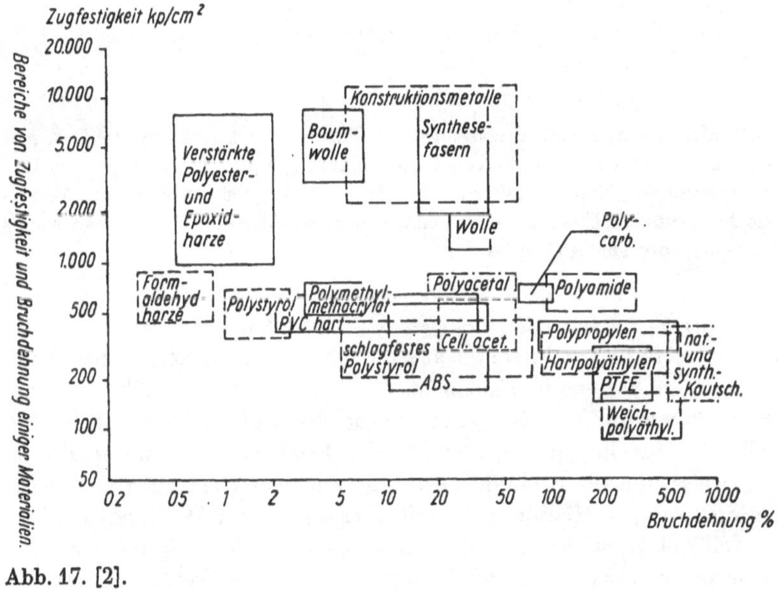

Abb. 17. [2].

Die energetische Betrachtungsweise für die Stabilität und die Ausbreitung von Rissen ist nicht an Versetzungen gekoppelt. Das ist deshalb wichtig zu sagen, weil beispielsweise für Metalle spezielle Modelle betrachtet wurden, die

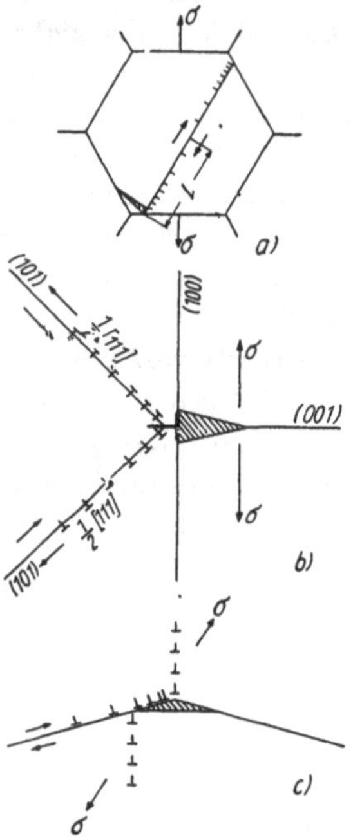

Abb. 18. [10] Mechanismen zur Erzeugung von Rissen durch aufgestaute Gruppen von Versetzungen. a) An einer Korngrenze aufgestaute Gruppe. b) Zusammenwirken von zwei aufgestauten Gruppen mit den bezeichneten Burgersvektoren der Versetzungen. Die bezeichneten Ebenen liegen senkrecht zur Bildebene. c) An einer Kleinwinkelkorngrenze aufgestaute Gruppe.

Versetzungen als Voraussetzung benötigen. Zum anderen aber sind viele spröden Stoffe gerade nicht gut kristallin ausgebildet, und man könnte bei ihnen schlecht von einem Versetzungsmodell ausgehen. Es kommt also bei der Behandlung von Eigenschaften sehr darauf an, ob die charakteristische Situation durch bestimmte Modelle gut dargestellt werden kann und ob man deshalb die Betrachtungsweise und die Schlußfolgerungen genügend übertragen darf, z. B. auf andere Stoffgruppen. Damit ist beispielsweise gemeint: Während das Versetzungsmodell bei Kristallen die plastische Verformbarkeit richtig verstehen läßt, ist es nicht ausreichend zur Beschreibung des spröden Verhaltens.

Bruchflächen können heute mit besserer Auflösung mit Hilfe des Rastermikroskops noch bei genügender Tiefenschärfe untersucht werden, d. h. auch an rauhen Flächen ohne irgendeine Präparation. Zu sehen sind dabei mikro-

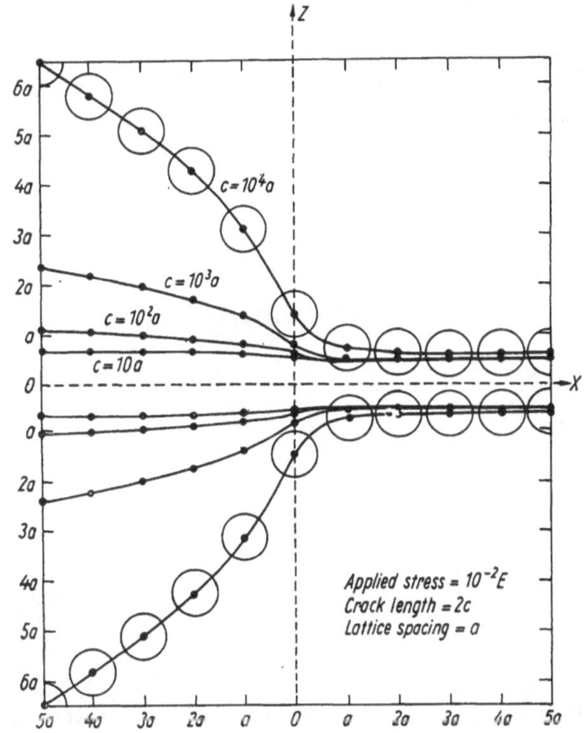

Abb. 19. [4]. Atomare Verschiebung an einer Rißspitze für verschieden große Risse mit dem Durchmesser 2 c.

skopische Reliefs, es handelt sich zunächst nicht um unterschiedliche Stoffkomponenten. Vom Ursprung des Risses (Abb. 21 a — lichtmikroskopische Übersicht) mit einem Bereich des thermischen Fortpflanzens und einer Korrosionsnarbe um das Gebiet des Oberflächenfehlers (21 b) unterscheidet sich der Bereich des sog. Gewaltbruches (21 c), in dem beim plastischen Fließen Poren entstanden sind bzw. Waben am Ort besonders großer Ausscheidungen.

Es lassen sich auch solche Einzelheiten erkennen wie das Vorhandensein einer Scherkomponente vor der Belastung, die Beteiligung von Ausscheidungen, der Bruchverlauf in bezug auf die Kornstruktur (Abb. 22), d. h. trans- oder interkristallin, oder das Vorliegen einer Überbeanspruchung durch andauernde

Schwingungen, bei denen mit jeder Zugperiode der Riß ein Stück weiterwanderte (Abb. 23), wobei an der Korngrenze zugleich oder als Ursache eine Einwirkung von Wasserstoff durch Vergleich als nachgewiesen gilt (Abb. 23 b).

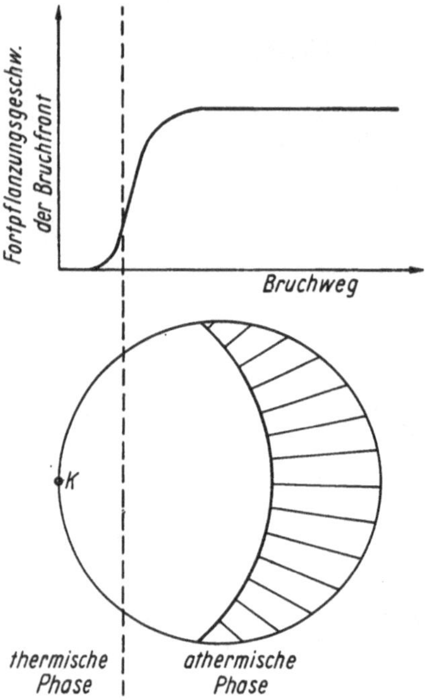

Abb. 20. [9] Schematische Darstellung der Ausbreitung des Bruchvorganges nach SMEKAL; Gestalt der Bruchfläche und Ausbreitungsgeschwindigkeit der Bruchfront.

Solche Ermittlungen sind für technische Belange natürlich besonders wichtig, um auf die Ursachen für das Versagen zurückzuschließen und um ihnen durch konstruktive Maßnahmen und geeignete Materialauswahl zu begegnen, einschließlich eventueller Oberflächenbehandlungen. Es müssen die für den Anriß entscheidende Ursache und Stelle und die eine Rißausbreitung hervorrufenden oder begünstigenden Faktoren ermittelt werden, damit nicht mehr global in ganzen Bauteilen überdimensioniert werden muß.

Eine ganz andere Art der Auswertung von Brüchen ist 1950 von OBENAUS durchgeführt worden. Er hat eine statistische Auswertung für Porzellan vorgenommen und aufgetragen, bei welcher Festigkeit wieviel Ausfälle auftreten (Abb. 24). Außerdem hat er kombiniert mit dem Aussehen der Bruchfläche und dabei festgestellt, daß ganz bestimmte Oberflächen bei ganz bestimmten Belastungen auftreten. Für den Fall der ersten Versager wurden stets ganz glatte Bruchflächen festgestellt; er folgerte, daß in diesen einzelnen Kollektiven, die

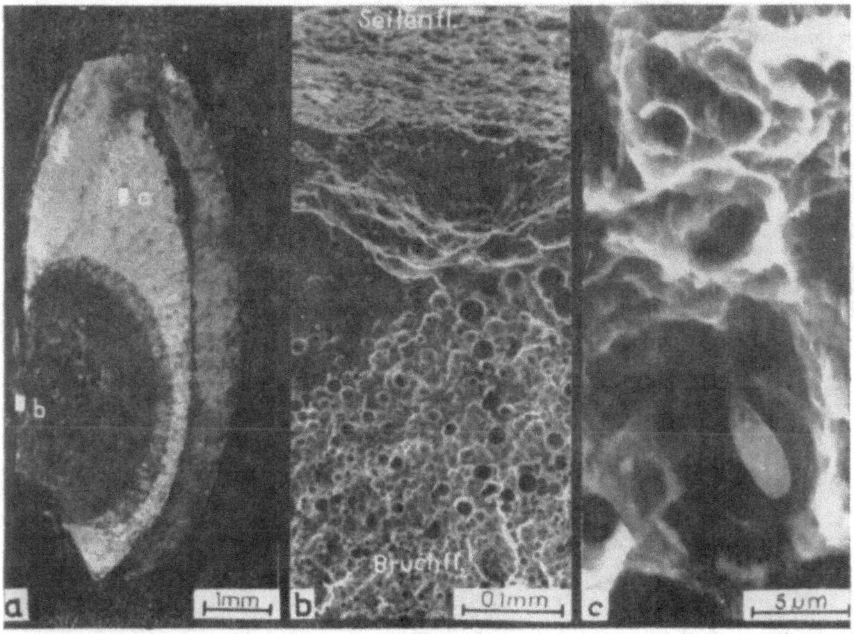

Abb. 21. [11]. Bruch durch Spannungsrißkorrosion;
a) Lichtmikroskopische Übersichtsaufnahme;
b) und c) Rastermikroskopische Detailaufnahme von Ausschnitten aus a), b) Anrißgebiet, c) Gewaltbruchgebiet.

sich aus der Analyse der Ausfallhüllkurve erkennen lassen, jeweils typische Anlässe zugrunde gelegen haben und daß durch gezielte Behandlung einzelne Ausfallarten unterdrückt werden konnten.

Bei der Übertragung dieser Methode auf Eisengußwerkstoffe hat man gemerkt, daß dort die Kurve insgesamt nicht so breit ist (bei Porzellan immerhin von 100 bis 600 kg/cm^2), daß aber mehrere Kollektive mit Schwankungsbreiten von über 25% wiederum auf unterschiedliche Ursachen zurückzuführen sind.

Diese Art der statistischen Bruchauswertung ist leider nicht weiter angewendet oder weiterentwickelt worden. Sie könnte gerade bei Massenproblemen eine Rolle spielen; sie könnte dazu beitragen, jeweils differenziert den

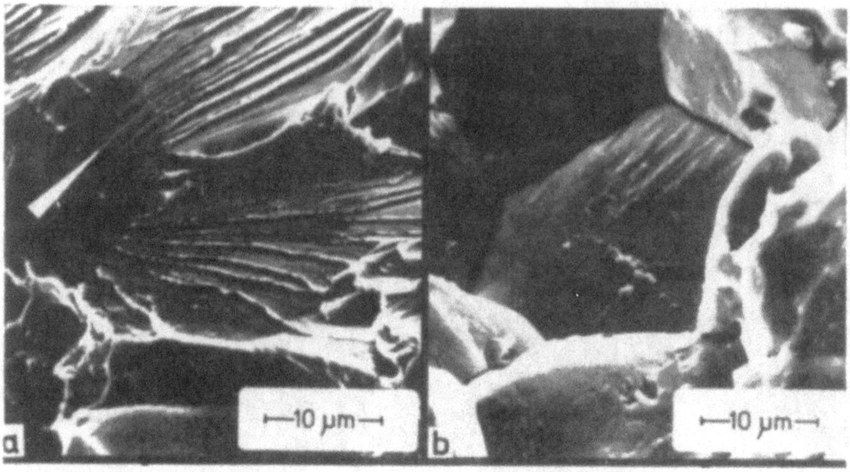

Abb. 22. [11]. a) Transkristalliner Spaltbruch in Gußstahl;
b) interkristalliner Bruch in gehärtetem Stahl durch Wasserstoffversprödung.

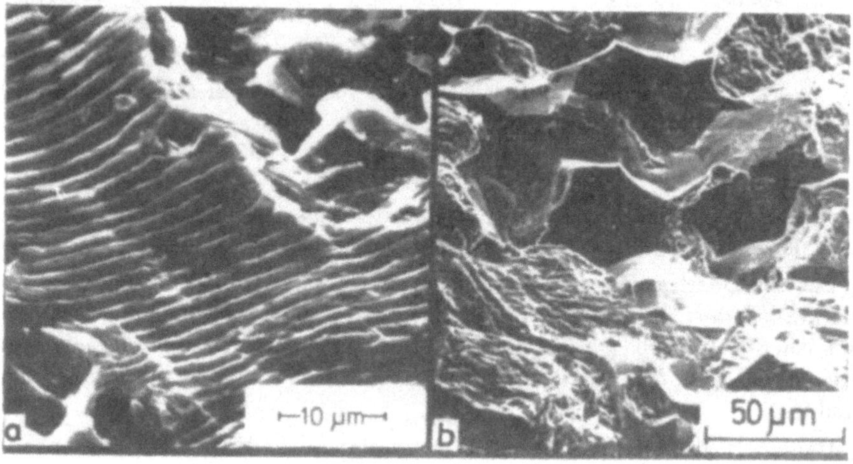

Abb. 23. [11]. a) Duktiler Dauerbruch in AlMg 5;
b) Schwingungsrißkorrosion in Stahl.

einzelnen Ursachen nachzugehen, um sie nach Möglichkeit nacheinander auszuschalten. Es sollen nun noch einige Beispiele zur Versprödung bzw. zum Einfluß von Wärmebehandlungen diskutiert werden.

Gewöhnlich spricht man von den Eigenschaften des Eisens als Werkstoff oder Halbzeug. Wird aber der sonst natürliche Gehalt an Kohlenstoff (bedingt durch die übliche Roheisengewinnung) auf $3 \cdot 10^{-3}$ oder gar 10^{-7} Gewichtsprozent gesenkt, so wird die Streckgrenze weiter vermindert und der bekannte Tieftemperaturanstieg abgeschwächt (Abb. 25). Man muß deshalb zweifeln, ob

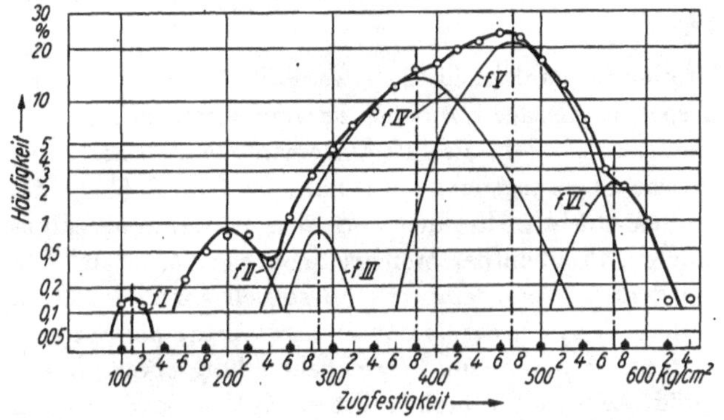

Abb. 24. [12] Prozentuale Häufigkeitsverteilung der Zugfestigkeit von Porzellan (Zerlegung in Normalkurven).

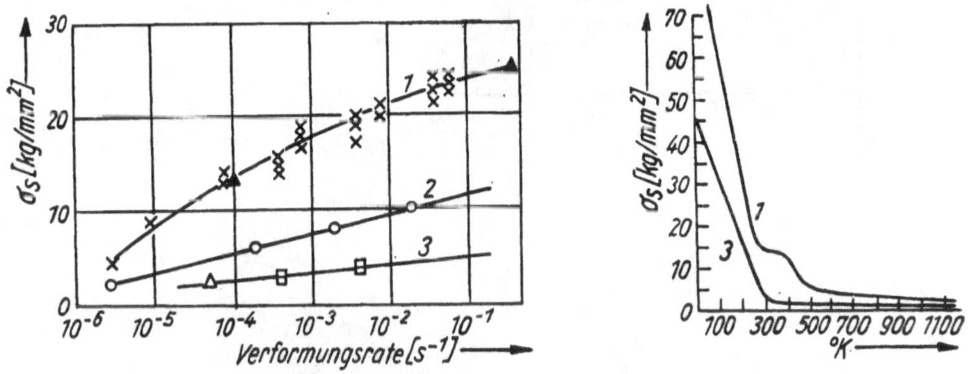

Abb. 25. [13] Eisen in Abhängigkeit vom Kohlenstoffgehalt
(*1*— $3 \cdot 10^{-3}$%, *2*— 10^{-5}%, *3*— 10^{-7}%)
a) als Funktion der Verformungsgeschwindigkeit;
b) Temperaturabhängigkeit.

dieser Tieftemperaturanstieg wirklich eine Eigenschaft des Eisens als reines chemisches Element ist und ob speziell der Buckel im Raumtemperaturbereich eine Eigenschaft des Eisens ist. Mit Einlagerungen solch geringer Anteile von Kohlenstoff oder anderen Elementen (N, O, ...) hat man prinzipiell auch in anderen Metallen zu rechnen, wobei man sich heute bei Untersuchungen solcher Eigenschafts-Struktur-Korrelationen bereits oft an der Grenze des analytischen Nachweisvermögens befindet. Andererseits sind auch schon Möglichkeiten gegeben, auch im technischen Maßstab (z. B. in der Vakuummetallurgie) solche Spurenkomponenten zu beherrschen, auszuschalten oder gezielt einzusetzen.

Ein gebräuchlicher Chromnickelstahl ist bis zu etwa -50 °C gut einsetzbar, darunter verhält er sich spröde. Als der normalen Zusammensetzung: Fe, Ni, Cr, C etwas Antimon, und zwar 10 ppm, also 10^{-5} Atomanteile zugesetzt wurden, erhöhte sich die kritische Übergangstemperatur auf etwa 600 °C (Abb. 26), d. h., diesen Stahl konnte man nicht mehr einer normalen Verwendung zuführen. Aber das ist nicht nur ein Problem der Stoffzusammensetzung. Man kann diesen Stahl in einer bestimmten Weise tempern und schnell abkühlen. Dann ist es durchaus möglich, ohne Veränderung der Zusammensetzung die Sprödigkeit vollkommen zu beseitigen. Eine erneute Wärmebehandlung ohne schnelle Abkühlung führt die Sprödigkeit wieder herbei. Dieser Zyklus ist reversibel. Es ist hier möglich, auf Wunsch den absolut spröden und den nicht spröden

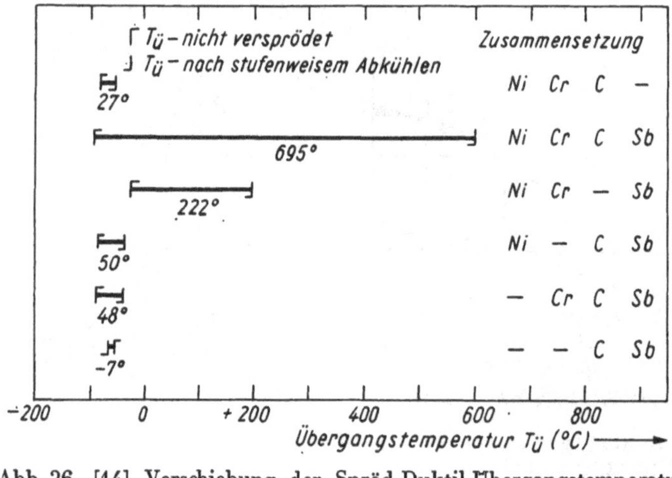

Abb. 26. [14] Verschiebung der Spröd-Duktil-Übergangstemperatur von Stählen in Abhängigkeit von der Zusammensetzung und der Anlaßwärmebehandlung (Anlaßversprödung).

Zustand herbeizuführen. Dabei ist es heute noch nicht möglich festzustellen, wo das Antimon sitzt, wie es dort eingebaut ist und wie es mit den anderen Partnern zusammenspielt. Daß es mit ihnen irgendwie zusammenspielen muß, sieht man, wenn nicht die übliche vollständige Zusammensetzung mit dem Antimon reagieren kann. Wird Kohlenstoff weggelassen, ist die Versprödung wesentlich geringer; wenn nur Chrom oder Nickel weggelassen werden, tritt sie fast nicht auf. Das sind Probleme, wo wir absolut noch nicht wissen, wie und warum diese Effekte auftreten.

Ein letztes Beispiel soll die Kombinationsmöglichkeiten für eine gezielte Entwicklung von Werkstoffen andeuten: Nickel wird in reinem Zustand mit einer Zugfestigkeit von 5 kp/mm² angegeben. Eine Festigkeitssteigerung kann durch geeignetes Legieren bis zu etwa 30 kp/mm² erreicht werden. Im Vortrag wurde schon erwähnt, daß es durch mechanische Behandlung möglich ist, eine

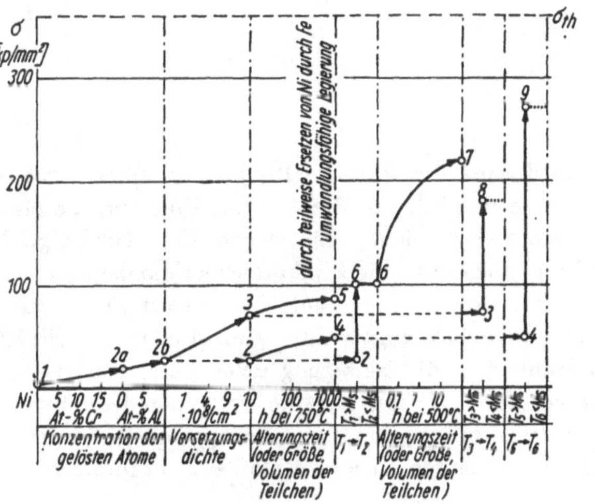

Abb. 27. [15] Halbschematische Analyse der Festigkeit von Ni-Fe-Legierungen beim Zusammenwirken mehrerer Härtungsmechanismen

1 Streckgrenze von reinem Nickel
2 Mischkristallhärtung durch Cr und Al
3 Verfestigung des Mischkristalls durch pl. Verformung
4 Aushärtung des Mischkristalls durch γ′-Teilchen
5 Aushärtung des pl. verformten Mischkristalls
6 Martensitische Umwandlung des homogenen Mischkristalls
7 Aushärtung des Martensits (maragenig)
8 Martensitische Umwandlung des verformten Mischkristalls (ausforming)
9 Martensitische Umwandlung des Mischkristalls mit Teilchen.

weitere zusätzliche Verfestigung bis zu 70 kp/mm^2 herbeizuführen. Es wird versucht, durch Wärmebehandlung zur Bildung von Ausscheidungen zu kommen oder aber aushärtbare Legierungen zu finden. Heute setzt man noch weitere Schritte an. Es wird aber auch versucht, Ordnungserscheinungen systematischer auf dem Weg über Phasenumwandlung herbeizuführen, damit kann jeweils eine größere Festigkeitssteigerung erreicht werden. Man kann dazu aber von verschiedenen Ausgangszuständen ausgehen, und es erweist sich, daß die Folge, Intensität und Dauer der verschiedenen thermischen und mechanischen Behandlungen die endgültige Festigkeit mitbedingen. Die Endfestigkeit ist also nicht unabhängig von dem Weg der Herstellung und Bearbeitung der Nickellegierung, und sie ist keine einfache Funktion der Zusammensetzung dieses Materials. Es gibt damit durchaus Möglichkeiten, die technische Festigkeit stark zu erhöhen. Sicher wird das bei vielen Werkstoffen schon sehr weitgehend angewendet, aber es finden sich immer wieder neue Optimierungen.

Schlußbemerkungen

Von der Theorie ausgehend wird versucht, die Bindung in einem Material zu beherrschen; das geht, wenn wirklich nur die atomare Bindung, die elastischen Konstanten usw. betrachtet werden. Aber weder diese Bindung, das zwischenatomare Potential und auch nicht die Bindungsenergie haben mit technischen Festigkeitsgrößen etwas zu tun. Die Baufehler werden im einzelnen auch schon angegangen, und man bekommt relativ gute Aussagen, beispielsweise dazu, wie temperaturabhängig die Bewegung einer Versetzung ist und welche Wechselwirkungen verschiedenartiger Defekte untereinander auftreten. Schwierig wird es, solche Erscheinungen quantitativ anzugeben. Außerdem ist ein Stoff eben nicht homogen und in den einzelnen atomaren Bindungen nicht gleichmäßig beansprucht.

Man ist nach wie vor angewiesen auf Betrachtungen, die z. T. phänomenologisch, auch kontinuumsmechanisch durchgeführt werden, wobei bestimmte atomistische Modelle für die einzelnen Arten der Fehlordnung ins Spiel gebracht werden. Dabei gibt es immer noch keine ausreichend zuverlässigen Kraftgesetze für die Wechselwirkung zwischen benachbarten Atomen. Wegen der daraus resultierenden Unsicherheiten bei der halbempirischen Anpassung der Potentialparameter waren wiederholt auch Aussagen über die Stabilität bestimmter Defekte, ihre kristallographischen Anordnungen usw. nicht eindeutig. In den nächsten Jahren wird man auf diesem Gebiet weiterhin darauf angewiesen sein, auch von der Physik und der mathematischen Behandlung her phänomenologische Modelle, verbunden z. T. mit diskret-atomistischen Modellen, zu entwickeln.

Es wird notwendig bleiben, kinetische Vorgänge als empirische Zeitgesetzmäßigkeiten zu betrachten, oft ohne genügende Kenntnis der wirkenden Ursachen. In einigen Fällen wird uns die Thermodynamik helfen; sie wird weitere Korrelationen zwischen bestehenden Einwirkungen und Einflüssen vermitteln. Es wird aber nicht möglich sein, die Thermodynamik zu bemühen, um mechanische Eigenschaften für die technische Beanspruchung der Werkstoffe zu bestimmen. Es ist kein Kuriosum, sondern eine Tatsache, daß wir den Schmelzpunkt oder ähnliche Phasenumwandlungspunkte heute nicht absolut berechnen können; Größen, die wir eigentlich als naturgegebene Konstanten unter Normalbedingungen betrachten.

Es wird auf diesem Gebiet ein ständiges Miteinanderarbeiten der Physiker geben, die sich immer tiefer in die atomistischen Vorgänge einarbeiten, mit den Fachleuten, die die Werkstoffkunde entwickeln und eben auch mit moderneren Methoden aussagekräftiger gestalten werden, bis hin zu denjenigen, die die Werkstoffbeanspruchung, den Werkstoffeinsatz und die Technologie bearbeiten.

Wie schon am Anfang betont wurde, wird es keinen Universalwerkstoff geben. Man muß sehr genau überlegen, für welchen Zweck welcher Stoff technisch richtig und ökonomisch vertretbar ist. Man wird viel mehr Aufmerksamkeit den unterschiedlichen Belastungsbedingungen widmen müssen, um sie in ihrer Auswirkung spezifisch zu erfassen, und es wird darauf ankommen, sehr unterschiedliche Bedürfnisse zu befriedigen. Es werden Stoffe gebraucht, die zunächst Kräfte oder Momente aufnehmen müssen, aber als unausweichliche Nebenbedingung ist zu bewältigen, daß sie oft der Korrosion unterliegen oder daß sie einer Fügetechnik gehorchen müssen, man muß sie z. B. schweißen können. Damit ergibt sich zwischendurch eine Wärmebehandlung des Materials, die dem beabsichtigten Effekt genau entgegenwirken kann. Es werden Werkstoffe gebraucht, von denen verlangt wird, daß sie Reibwerkstoffe sind, d. h., daß sie maximale Haftung und Reibung vermitteln und die entstehende Reibungswärme vertragen können; andererseits werden Gleitwerkstoffe benötigt.

Konstruktiv beanspruchte Elemente werden aber auch für Dinge gebraucht, die zunächst unter einem anderen Begriff gesehen werden, z. B. Leitung des elektrischen Stroms, Isolation der Wärme, Isolation von Licht oder Schall. Es wird eine ständige Konkurrenz der Werkstoffe geben, die in ihren Eigenschaften weiterentwickelt werden und die auch manchmal sich gegeneinander den Rang ablaufen werden. Dabei ist mit einem Bedarf an allen Stoffgruppen zu rechnen. Es wird weiterhin so sein, daß nicht der einzelne physikalische Effekt ausreicht, um die Wirtschaft mit Werkstoffen zu versorgen. Einen physikalischen Effekt muß man noch umsetzen können in einem bestimmten Werkstoffsystem und in einer durchsatzfähigen, rentablen Technologie, möglichst ohne große energetische oder Arbeitskräftebelastung. Deshalb ist ein Fortschritt in der Versorgung mit Werkstoffen und bei ihrer Verwendung nur durch die Zusammenarbeit aller auf diesem Gebiet tätigen Disziplinen und Fachleute möglich. Dazu beizutragen, Kontakte zu knüpfen und zu verstärken, ist Anliegen dieses Akademie-Kolloquiums und dieses einleitenden Vortrages im besonderen.

Quellenverzeichnis der Abbildungen

[1] Kunststoffe, Springer-Verlag 1962, S. 429 u. 432.
[2] Schouten, A. E., A. K. van der Vegt: Gummi — Asbest — Kunststoffe 22 (1969), S. 1368 u. 1370.
[3] Holzmüller, W.: Physik der Kunststoffe, Akademie-Verlag Berlin 1961; S. 346 u. 339.
[4] Tetelman, A. S.: Fracture of Structural Materials, N. Y. 1967; S. 8, 321, 590 u. 593.
[5] Finke, P.: Dissertation 1970.
[6] Hornbogen, E., G. Petzow: Z. Metallkde. **61** (1970) 81.
[7] Hosemann, R.: Polymer (London) **3** (1962) 349.
[8] Gilman, J. J.: J. Appl. Phys. **36** (1965) 3195.
[9] Die Physik der Hochpolymeren, Band 4, Springer Verlag 1956; S. 233 und S. 191.
[10] Kochendörfer, A.: Z. Metallkde. **62** (1971) 174.
[11] nach Schmidt, V.: Institut für Festkörperphysik und Elektronenmikroskopie, Halle.
[12] Obenaus, F.: Silikattechnik **1** (1950) 38.
[13] Kamenezkaja, D. S., J. B. Pilezkaja, V. J. Širjajev: Dolk. Akad. Nauk **190** (1970) 1333.
[14] Low, J. R., D. F. Stein, A. M. Turkalo, R. P. Lafroce: Trans. AIME **242** (1968) 14.
[15] Hornbogen, E., W. A. Meyer: Metall **22** (1968) 9.

H.-J. Eckstein

Stahl als Massenwerkstoff

Seit nunmehr fast 300 Jahren ist Eisen das vorherrschende Gebrauchsmaterial in unserem Kulturgebiet. Von der Menge her gesehen haben sich die Eisenlegierungen allerdings erst in den letzten beiden Jahrhunderten die Welt erobert (Abb. 1). Man kann heute feststellen, daß der Entwicklungsstand der Technik untrennbar mit dem Werkstoff Eisen verbunden ist, und die Stahl-

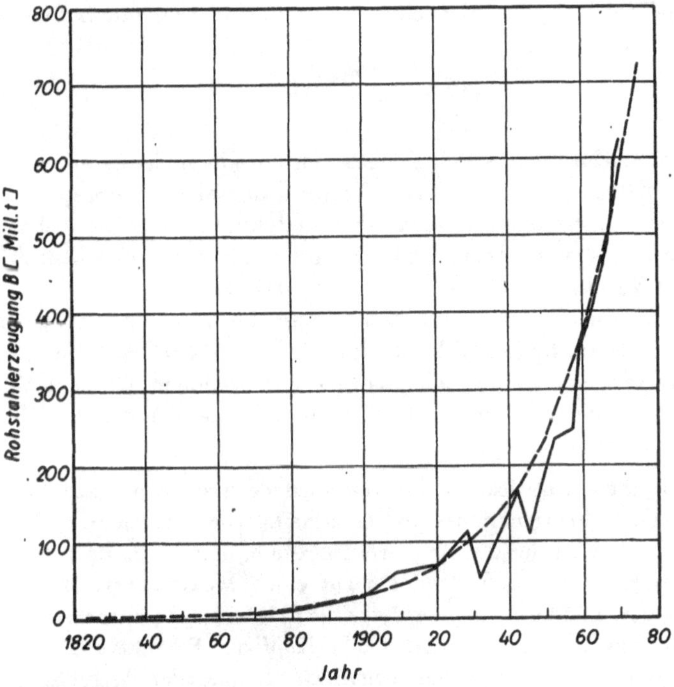

Abb. 1. Rohstahlerzeugung B.

erzeugung eines Landes wird deshalb oft als Maß für seine wirtschaftliche Leistungsfähigkeit angesehen. Bei der Betrachtung der absoluten Menge und der enormen Steigerungsrate der Stahlerzeugung erheben sich zwei Fragen: Wie kommt es zu der Sonderstellung dieses Werkstoffes und wie lange wird sie noch bleiben? Die erste Frage kann ganz allgemein wie folgt beantwortet werden: Die bisherige bevorzugte Stellung des Eisens beruht auf seiner Verfügbarkeit, seiner Variabilität der Eigenschaften, seiner im Vergleich mit anderen Werkstoffen billigen Erzeugung, Bearbeitung und Verarbeitung.

Bezüglich der zweiten Frage läßt sich aus dem Kurvenverlauf der Abb. 1 offensichtlich keine Tendenz eines Zurückgehens der Bedeutung von Stahl erkennen. Eine Annäherung durch eine mathematische Funktion könnte bis zum heutigen Zeitpunkt noch durch eine einfache Exponentialfunktion

$$(\lg B = 0{,}01881\,t - 34{,}29)$$

erfolgen. Selbstverständlich ist eine solche Näherung widersinnig, da schon allein auf Grund der doch begrenzten Vorräte an Eisenerzen die Erzeugung einem Grenzwert zustreben muß. Es ist deshalb als sicher anzunehmen, daß die zweckmäßigste Näherungsfunktion eine Wachstumsfunktion mit Sättigung vom Typ

$$B = \frac{L}{1 + a \cdot e^{-bt}}$$

ist. Da in der tatsächlichen Kurve jedoch noch kein Wendepunkt zu erkennen ist, kann zur Abschätzung des zukünftigen Verlaufs nur eine näherungsweise Annahme des Sättigungswertes verhelfen. Wir sind hierbei aber weitgehend auf Spekulationen angewiesen. Einen vielleicht groben Hinweis sollte man mit Hilfe des Pro-Kopf-Verbrauches an Eisenwerkstoffen erwarten.

Abb. 2 zeigt den Anstieg der durchschnittlichen Pro-Kopf-Erzeugung an Stahl in der Welt. Ganz offensichtlich ist diese Ziffer laufend gestiegen, und aus dem Kurvenverlauf ist ebenfalls keine Sättigung zu erkennen. Das ist schon deshalb nicht zu erwarten, weil die Pro-Kopf-Verbräuche der Länder der Welt heute noch sehr unterschiedlich sind.

In Abb. 3 wurde diese Entwicklung für verschiedene Staaten aufgezeichnet. Im Vergleich zu den Industrienationen hat eine Reihe von Staaten wie China und auch Indien, welches in der gleichen Größenordnung liegt, z. Z. noch einen großen Rückstand. Ein gewisses Einpendeln auf einen Maximalwert ist auch bestenfalls bei einigen Ländern mit den derzeitigen Höchstverbräuchen zu erkennen. Wenn wir davon ausgehen, daß 300 kg/Kopf der Bevölkerung offenbar einen Mindestwert für einen hohen Entwicklungsstand der Technik darstellen, so könnte man zu einer spekulativen Abschätzung einer Maximalstahlerzeugung der Welt kommen. Nach BAADE hat man gute Gründe anzunehmen, daß die Weltbevölkerung nicht über 30 Milliarden Menschen ansteigt (wir rechnen heute mit einer Weltbevölkerung von über $3^1/_2$ Milliarden). Daraus würde

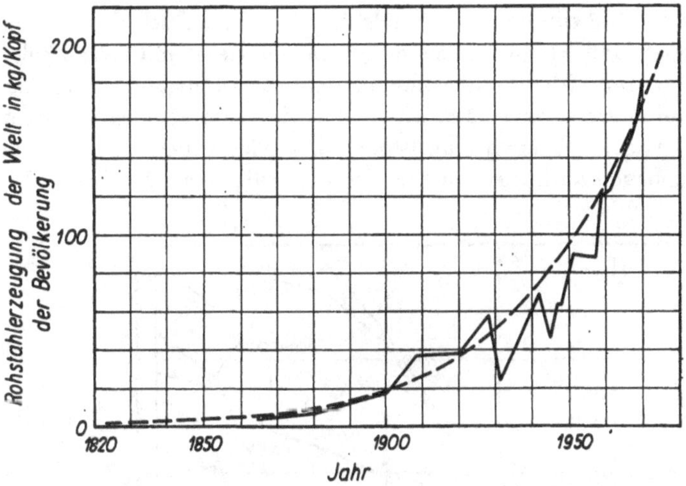

Abb. 2. Rohstahlerzeugung/Bevölkerung.

sich dann ein Sättigungswert der Weltstahlproduktion von 9 Milliarden t Stahl/ Jahr ergeben. Konstruiert man mit dieser Ziffer und den vorhandenen statistischen Unterlagen die Kurve, so ergibt sich die Abb. 4. Danach sollte also in den nächsten Jahren eine laufend hohe Steigerung der Stahlproduktion der Welt zu erwarten sein; beispielsweise für 1980 eine Produktion von 890 Mill. t und 1985 eine Produktion von 1052 Mill. t. Selbstverständlich ist diese Spekulation sehr grob und berücksichtigt weder die Frage, ob die Eisenvorräte dafür ausreichen, noch die Möglichkeit, daß der Werkstoff Stahl durch andere, bessere und billigere Werkstoffe weitgehend ersetzt werden könnte. Auf welche Schwierigkeiten die Abschätzung des zweiten Faktors stößt, soll im Anschluß noch dargelegt werden. Zunächst nur noch einen Blick auf die Produktion und den Verbrauch von Stahl in der DDR. In Abb. 5 ist die Pro-Kopf-Erzeugung und der sichtbare Pro-Kopf-Verbrauch von Stahl der letzten 10 Jahre dargestellt. Wir erkennen eine größere Progression im Verbrauch als in der Erzeugung. Dieser Sachverhalt ist in mehrfacher Hinsicht bedeutsam. Zunächst können wir festhalten, daß die DDR im Hinblick auf ihren Stahlverbrauch heute zu den führenden Industrienationen zählt, aber als eine der seltenen Ausnahmen in der Welt ihren Bedarf nur zu nahezu 50% durch eigene Erzeugung deckt.

Von den dargelegten Zahlen aus gesehen, kann sowohl für die DDR als auch für die gesamte Welt nicht angenommen werden, daß der Stahlbedarf in den nächsten Jahren in irgendeiner Form zurückgeht. Offen bleibt allerdings die bereits erwähnte Frage, wie in fernerer Zukunft neue Werkstoffe auf den Plan treten, die zu einer Substitution des Stahls führen. Eine Rückschau in die Vergangenheit zeigt, daß Prognosen dieser Art in der Regel mit sehr großen Fehlern behaftet waren. Ich erinnere nur an das angekündigte Zeitalter der Leichtmetalle Aluminium, Magnesium, Titan. Ob, wie heute vielfach vertreten, die metallischen Werkstoffe durch Kunststoffe, Glas oder andere anorganische Werkstoffe weitgehend verdrängt werden, ist ebenfalls nicht bewiesen. Die

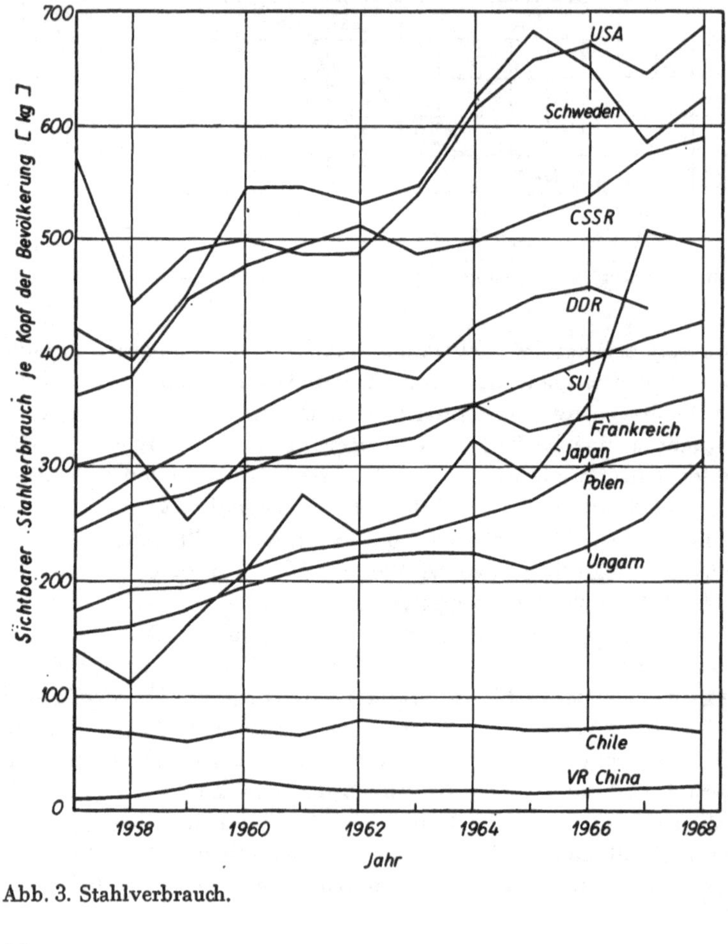

Abb. 3. Stahlverbrauch.

Gründe für die geringe Sicherheit vergangener und auch derzeitiger Prognosen sind in Anbetracht der vor uns stehenden Planungsaufgaben einer eingehenden Diskussion wert. Ich möchte das beginnend mit Abb. 6 versuchen. Ein

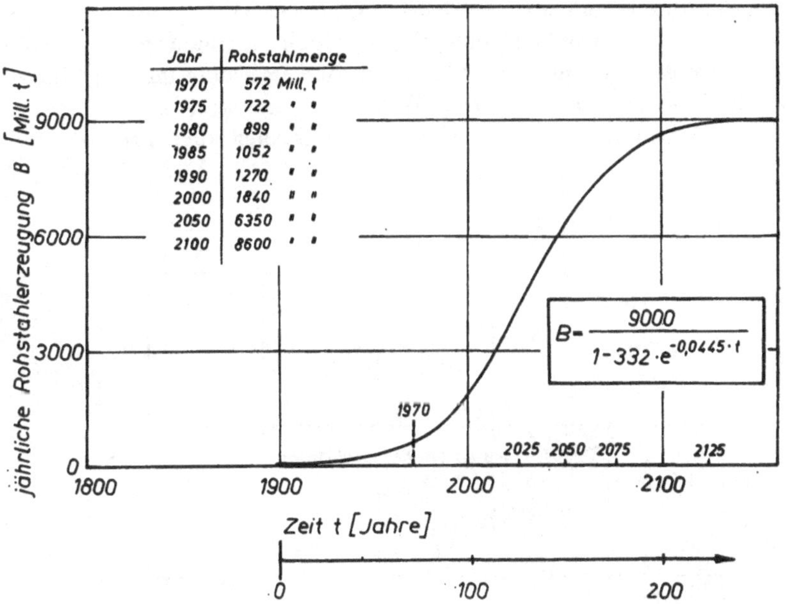

Abb. 4. Jährliche Rohstahlerzeugung.

Werkstoff wird dadurch gekennzeichnet, daß er einem *Komplex von Beanspruchungen* standhält und seine Herstellung für den gegebenen Verwendungszweck ein Minimum an *gegenständlicher menschlicher Arbeit* bedarf. Diese beiden Kriterien werden von einer ganzen Reihe von Größen beeinflußt. Verwickelt wird die Situation dadurch, daß unterschiedliche Einflußgrößen miteinander in Wechselwirkung stehen und die *Veränderung* eines *Kriteriums* automatisch über verwickelte Zusammenhänge die des anderen nach sich zieht. Eine wissenschaftliche Analyse des Istzustandes und der prognostischen Entwicklung erfordert also Untersuchungen von großer Kompliziertheit, wobei ich darauf hinweisen möchte, daß ein Operieren mit *Eigenschaften* und *Preisen* offensichtlich von vornherein ungenügend und unzulänglich ist. Im Fall der Preise möchte ich mich nur auf den Hinweis begnügen, daß diese in sehr vielen Fällen nicht die vergegenständlichte Arbeit widerspiegeln. Die Frage der Eigenschaften soll in meinen weiteren Ausführungen näher beleuchtet werden. Wenn wir von

Einflüssen der Werkstückgestalt und -oberfläche absehen, besteht zunächst ein Grundzusammenhang folgender Art (Abb. 7, vgl. Abb. 6):

Technologische Grundprozesse — Struktur — Eigenschaften — Beanspruchungskomplex.

Ein Beanspruchungskomplex ergibt sich als Forderung der Technik. Dieser Beanspruchung muß durch bestimmte Eigenschaften Rechnung getragen werden, d. h., es werden die Zusammenhänge zwischen Belastung und Eigenschaften ermittelt. Die Eigenschaften eines Werkstoffes resultieren aus den Besonderheiten seiner Struktur, welche wiederum im technologischen Prozeß gestaltet wird.

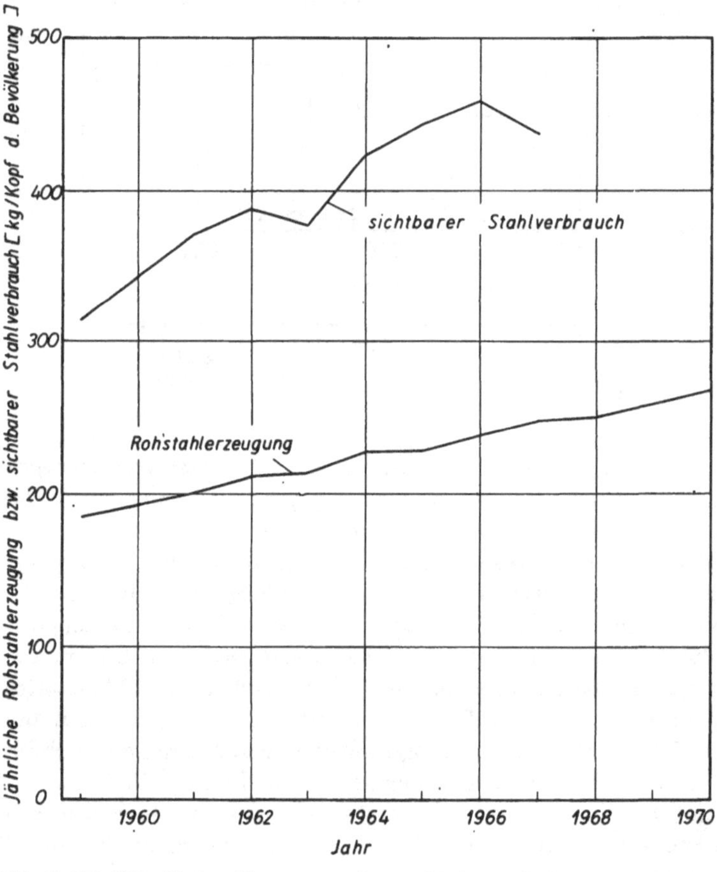

Abb. 5. Jährliche Rohstahlerzeugung bzw. sichtbarer Stahlverbrauch.

Für die Stoffgruppe Eisenwerkstoffe sollen die einzelnen Relationen etwas näher erläutert werden. Das *Ziel* ist also, die Beziehungen zwischen den Beanspruchungskomplexen und den Eigenschaften, zwischen den Eigenschaften

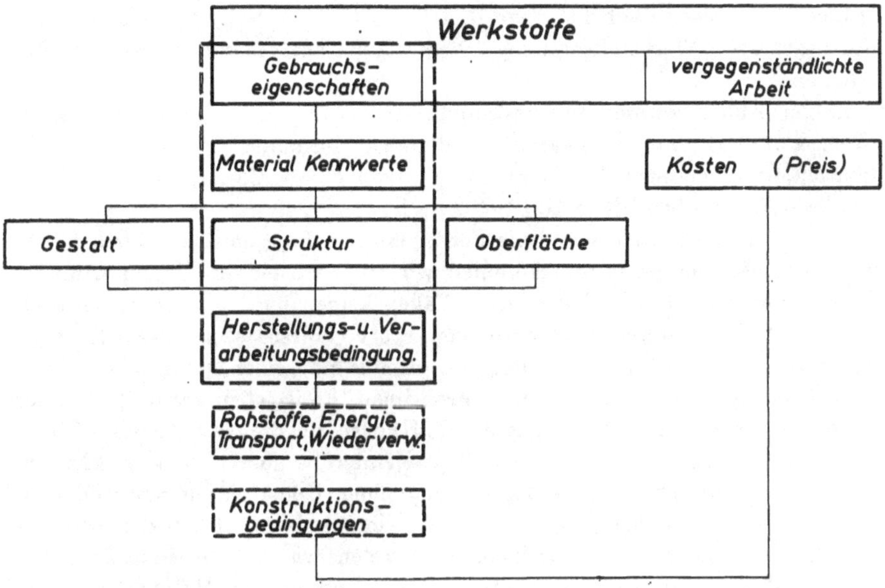

Abb. 6. Werkstoffe.

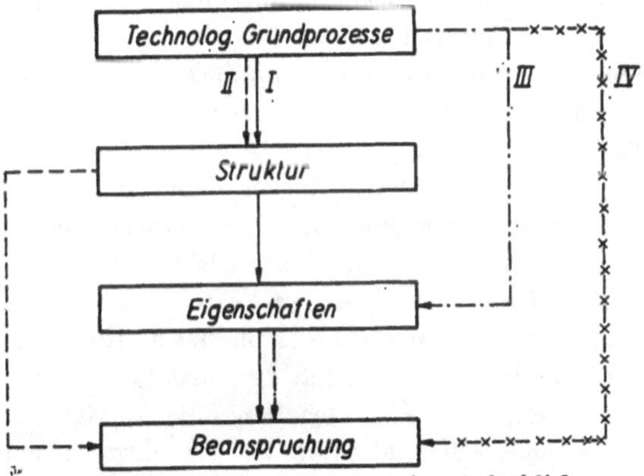

Abb. 7. Der Analyse der naturwissenschaftlichen und technischen Zusammenhänge zugrunde liegende Beziehungen.

und der Struktur sowie der Struktur und der sie prägenden Herstellungs- und Verarbeitungsbedingungen für Stahl zu finden.

Die bisherige, vorwiegend *empirische Werkstoffentwicklung* hat zum großen Teil auf die Klärung der Wechselwirkung zwischen einzelnen Parametern verzichtet. (Ich verweise auf die Wege II, III und IV in Abb. 7.) Die wissenschaftlich begründete Werkstofforschung (Weg I) erfordert die Beachtung aller Relationen.

In der Abb. 8 wurden für bestimmte technische Anwendungen Beanspruchungskomplexe und resultierende Forderungen formuliert. Für ein Konstruktionsteil, das bei normaler Temperatur verwendet wird, werden eine Reihe Forderungen erhoben (siehe Abb. 8, Spalte 1).

Wenn wir überprüfen, wie diese Forderungen sich gegenwärtig durch *Kennwerte* charakterisieren lassen, kommen wir zur nächsten Abbildung (Abb. 9). Es ist ersichtlich, daß in den meisten Fällen keine physikalischen Eigenschaften des Stoffes, sondern Kennwerte von Prüfverfahren technischer oder technologischer Art verwendet werden, die oftmals nur einen *spezifischen Beanspruchungsfall* hinreichend genau kennzeichnen. Es ist allen bekannt, daß der Konstrukteur die Kerbschlagzähigkeit als Hinweis für die Neigung eines Werkstoffes, spröde zu brechen, ansieht, diese Kenngröße aber nicht ausreicht, um als sichere Unterlage für die Berechnung einer Konstruktion verwendet zu werden. Es ist in vielen Fällen noch nicht einmal sicher, ob bei der erfolgenden Prüfung die gleichen Wirkungen auftreten wie im Belastungsfall. Die durchgeführten Prüfungen bzw. oftmals eine Summe von Prüfwerten geben aber offensichtlich bei den einzelnen Verwendungsgruppen eine genügend hohe Sicherheit, daß bestimmte bekannte Belastungsfälle ertragen werden. In vielen Fällen ist es aber bis heute nicht gelungen, diese empirischen Zusammenhänge exakt zu interpretieren. Dieser Zustand äußert sich darin, daß auch heute noch der Weg beschritten wird, eine erzeugte Struktur direkt der Gebrauchserprobung auszusetzen und so zu entscheiden, ob der Werkstoff Verwendung finden kann oder nicht.

Offenbar wesentlich mehr Aufmerksamkeit wurde bisher dem Zusammenhang zwischen Eigenschaften und Struktur gewidmet. Die Wechselbeziehungen zwischen Eigenschaften und Struktur sind Gegenstand umfangreicher metallkundlicher und metallphysikalischer Forschungen in den letzten Jahren und Jahrzehnten gewesen. Das Ergebnis sind quantitative, halbquantitative oder zumindest qualitative Einschätzungen über den Einfluß der Strukturelemente auf Eigenschaften. Alle in Abb. 9 genannten Eigenschaften hängen von der Atomaggregation und der Fehlordnung des Kristallgitters der Eisenlegierungen ab (Abb. 10). Die gewählte Einteilung in Atomaggregation, 0-, 1-, 2- und 3-dimensionale Gitterfehler ist natürlich sehr grob, und wir müssen für die weiteren Betrachtungen berücksichtigen, daß sich dahinter eine ganze Reihe z. T. doch differenziert wirksame spezifische Fehler verbergen. In folgender Abb. sei diese Tatsache in Erinnerung gerufen (Abb. 11). Ich erwähnte bereits, daß

		Stahl für				
		Konstruktionen (normale Temp.)	Konstruktionen (erhöhte Temp.)	Umformung (Band)	Warmarbeitswerkzeuge	Lager
Widerstand gegen plastische Formänderung	b. norm. Temp.	×		(×)		×
	b. hoh. Temp.		×		×	
Steifigkeit		×	×	×	×	×
Sicherheit gegen a) spröden Bruch		×		(×)	×	×
b) Ermüdungsbruch		×	×	(×)	×	×
c) Bruch nach starker Verformung				×		
Umformbarkeit	warm	×	×	×	×	×
	kalt	×	×	×		(×)
Vergießbarkeit		×	×	×	×	×
Schweißbarkeit		×		(×)		
Zerspanbarkeit		×	×			(×)
Eignung für Oberflächenveredlung		(×)		×		
Korrosionsbeständigkeit		(×)	×	×	(×)	(×)
Verschleißwiderstand					×	×

Abb. 8. Aus der Anwendung von Stählen ableitbare Beanspruchungskomplexe.

dem Einfluß dieser Faktoren auf die Eigenschaften in den letzten Jahren viel Aufmerksamkeit gewidmet wurde. Vorgänge wie Gleitung, Zwillingsbildung, Kriechen, Entstehen von Rissen und Rißfortpflanzung wurden eingehend untersucht. Wenn man jedoch wie in Abb. 10 den Versuch macht, die Ergebnisse zusammenfassend darzustellen und die Frage nach ihrer Quantifizierung aufwirft, so zeigt sich auch hier noch ein lückenhaftes Bild. Die eingezeichneten Pfeile sollen durch Richtung und Größe die Wirkung der verschiedenen Strukturbesonderheiten auf die Eigenschaft charakterisieren. Je nachdem, ob quantifizierbare Zusammenhänge bekannt sind, ist der Pfeil voll ausgezeichnet oder nicht. Man erkennt, daß beispielsweise bei der Grenzspannung zur plastischen Verformung offensichtlich sehr viele Zusammenhänge bekannt sind (siehe auch Abb. 12).

Im Gegensatz dazu können wir den Einfluß der Strukturbesonderheiten auf die Übergangstemperatur in den meisten Fällen nur qualitativ beschreiben, und für die unterschiedliche Richtung der Wirkung beispielsweise von Teilchen in der metallischen Matrix sind verschiedene Theorien entwickelt worden, deren quantitative Bestätigung zum großen Teil aussteht. Es versteht sich am Rande,

Widerstand gegen plastische Formänderung bei normaler Temperatur	σ_F σ_S
bei hoher Temperatur	$\sigma_{0,2/t}$ $\sigma_{B/t}$
Stoffsteifigkeit	E-Modul
Sicherheit gegen spröden Bruch	a_K $T_{ü}$
Sicherheit gegen Ermüdungsbruch	σ_{BW} Betriebsfestigkeit usw.
Sicherheit gegen Bruch nach starker Verformung	σ_B
Umformbarkeit warm	σ_F σ_B σ_W oder $k_f(a,n)$ TP
Umformbarkeit kalt	σ_W oder $k_f(a,n)$ ψ δ TP
Vergießbarkeit	n TP
Schweißbarkeit	TP EC
Zerspanbarkeit	TP
Eignung für Oberflächenveredlung	TP
Korrosionsbeständigkeit	Potentialwerte TP
Verschleißwiderstand	HB σ_F σ_B TP
	TP = technologische Prüfungen

Abb. 9. Kennwerte für die Charakterisierung von Beanspruchungsarten von Konstruktionswerkstoffen.

daß für die weiter oben erwähnten technologischen Prüfungen, bei denen noch keine Beziehungen zu Materialkenngrößen ermittelt wurden, die Wechselbeziehungen zur Struktur erst recht nicht allgemein gültig und nur qualitativ bekannt sind. Es soll allerdings hier nicht unerwähnt bleiben, daß für einzelne Werkstoffgruppen in vielen Fällen Regressionsbeziehungen für bestimmte Gebrauchseigenschaften aus der betrieblichen Praxis abgeleitet wurden, die aber leider keinen universellen Wert besitzen. Ein Beispiel hierfür ist die Regressionsbeziehung für die Übergangstemperatur bei weichen Stählen in Abhängigkeit von Korngröße und Perlitgehalt, welche die folgende Formel wiedergibt:

$$Tü = 36 + \frac{69 - 190 \cdot d^{-1/2}}{3{,}4 + \%\,\text{Perlit}}$$

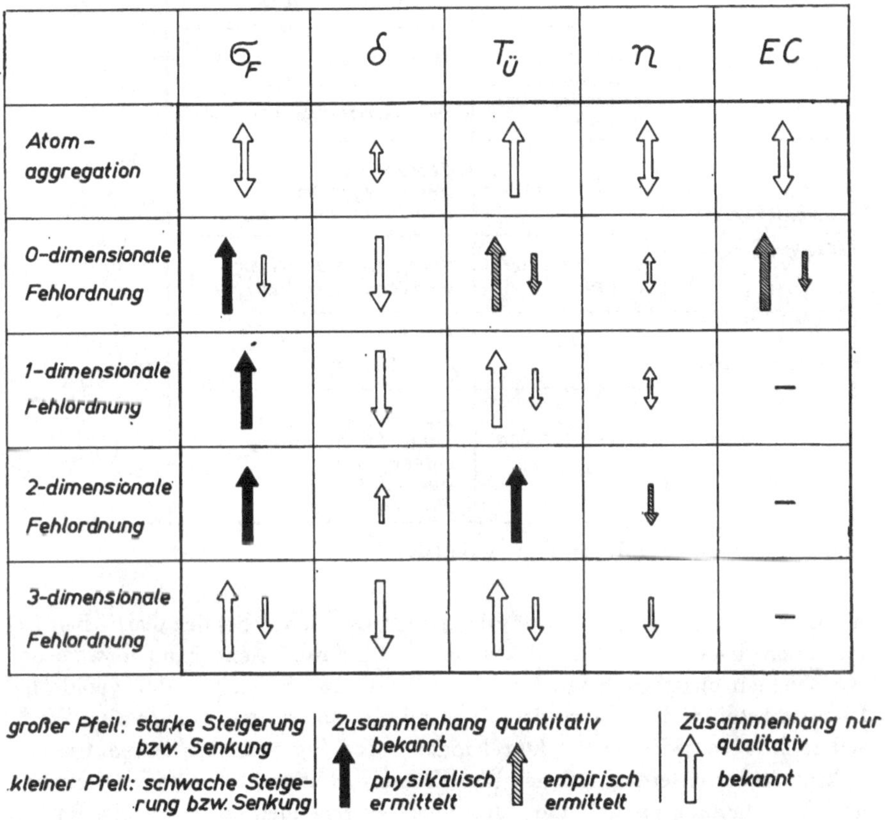

Abb. 10. Zusammenhang zwischen Strukturmerkmalen und Kenngrößen.

Auch das für diese Stahlgruppe verwendete Kohlenstoffäquivalent zur Kennzeichnung der Schweißbarkeit hat rein empirischen Charakter. Alle für den Verfestigungsexponenten ermittelten Beziehungen sind ebenfalls der gleichen

Atomaggregationen		*kristalline* ⟨ α, γ, ε
		amorphe
nulldimensionale Fehlordnungen	*strukturell*	*Leerstellen*
	chemisch	*Einlagerungsatome* *Substitutionsatome*
eindimensionale Fehlordnungen	*strukturell*	*Versetzungen*
	strukturell und chemisch	*Versetzungsseigerung (Wolken)*
zweidimensionale Fehlordnungen	*strukturell*	*Stapelfehler* *Zwillingsgrenzen Klein- und Großwinkelgrenzen*
	strukturell und chemisch	*Korngrenzenseigerung* *GP-Zonen (Platten)*
dreidimensionale Fehlordnungen	*strukturell*	*Poren* *Mikrolunker*
	strukturell und chemisch	*Cluster* *Zonen (Kugelzonen)* *Ausscheidungen* *Sekundäre Phasen* *Phasengemische*

Abb. 11. Aufgliederung der Strukturmerkmale.

Art und gehen nicht von dem physikalischen Geschehen bei der plastischen Deformation der betreffenden Struktur aus. Zusammenfassend kann man zu den Beziehungen zwischen Eigenschaften und Struktur feststellen, daß gerade bei Eisenwerkstoffen doch in großem Umfang qualitative und quantitative Wechselbeziehungen zwischen Strukturelementen und Eigenschaften bekannt sind.

Eine Schlüsselstellung nehmen die Wechselwirkungen zwischen Herstellungs- und Verarbeitungsprozeß und der dabei entstehenden Struktur ein. In der Abb. 13 wurde versucht, den Einfluß der wichtigsten technologischen Grundprozesse auf die Besonderheiten der Struktur darzulegen. Die Legende soll andeuten, daß sich hinter dem einzelnen genannten Prozeß in der Regel eine ganze Reihe spezieller technologischer Elemente verbergen, wobei keinesfalls Anspruch auf *Vollständigkeit* erhoben wird.

Hervorheben möchte ich noch die hier vorgenommene Einordnung aller *Umformungsbehandlungen* unter dem Begriff der Wärmebehandlung. Aus der derzeitigen Entwicklung ist offensichtlich abzulesen, daß es in naher Zukunft keine plastische Deformation mehr geben wird, bei der die Wahl der technologischen Parameter nicht von vornherein auch von dem Ziel der Erzeugung einer bestimmten Struktur des Werkstoffes mitbestimmt wird. Da das Ergebnis einer Umformung immer von der Temperatur abhängt, dürfte die Einordnung dieser technologischen Prozesse in den Unterbegriff „Thermomechanische Behandlung" seine Berechtigung haben. Wie aus Abb. 14 hervorgeht, werden bei der vorgenommenen Einteilung, nämlich

1. TM-Behandlung vor
2. TM-Behandlung während
3. TM-Behandlung nach

} Umwandlung und/oder Ausscheidung,

	Fließgrenze σ_F	$\Delta\sigma$ [kp/mm²]	
nulldimensionale Fehlordnungen	$\Delta\sigma \sim \alpha \cdot G \cdot c^{\frac{1}{2}}$	80	
eindimensionale Fehlordnungen	$\Delta\sigma_V \sim \alpha \cdot G \cdot b \cdot N^{\frac{1}{2}}$	100	
zweidimensionale Fehlordnungen	$\Delta\sigma_{KG} \sim K \cdot D^{-\frac{1}{2}}$	70	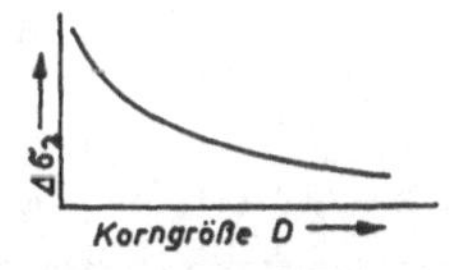
dreidimensionale Fehlordnungen	$\Delta\sigma_T \sim \frac{\alpha \cdot G \cdot b \cdot f^{\frac{1}{3}}}{d}$	230	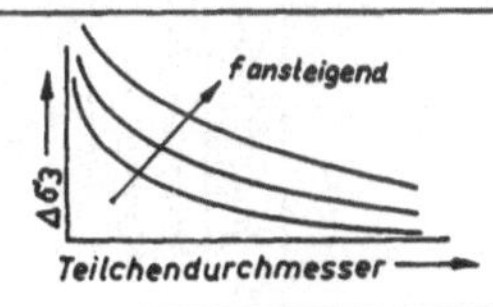

Abb. 12. Beziehungen zwischen Fließgrenze und Fehlordnung.

praktisch alle wichtigen Umformungsprozesse erfaßt. Auf Grund der Tatsache, daß in Abb. 13 nun bei beiden Parametern sehr viele Faktoren in einer Spalte zusammengefaßt wurden, kann die Wechselwirkung untereinander nur noch sehr qualitativ und ohne Angabe der Richtung erfolgen. Hinter den lakoni-

	1 Stoffzusammensetzung, Rohstoffwahl legieren u.a.	2 Desoxydation, Entgasung	3 Erstarren	4 Wärmebehandlung Thermische Behandlung	 Thermomechan. Behandlung	 Thermochem. Behandlung
Atomaggregation	Einfluß stark	—	—	Einfluß stark	Einfluß schwach	—
nulldimensionale Fehlordnungen	Einfluß stark	—	Einfluß schwach	Einfluß stark	Einfluß stark	Einfluß schwach
eindimensionale Fehlordnungen	Einfluß schwach	Einfluß schwach	Einfluß schwach	Einfluß stark	**Einfluß stark**	—
zweidimensionale Fehlordnungen	Einfluß schwach	Einfluß stark	Einfluß stark	Einfluß stark	Einfluß stark	—
dreidimensionale Fehlordnungen	Einfluß stark	Einfluß stark	Einfluß stark	Einfluß stark	Einfluß stark	Einfluß schwach

1. Legierungs- und Spurenelemente im Eisen: H, N, O, C, B, S, Se, P, As, Sn, Sb, Bi, Cu, Cr, Ni, Co, Si, Mn, Al, Mo, V, W, Ti, Zr, Nb, Pb, Ca, Mg
2. unberuhigt, beruhigt (Fällungsdesoxydation ⟶ Sonderdesoxydationsmittel, Diffusionsdesoxydation ⟶ Sonderverfahren), Gasspülen, Entgasen, Umschmelzen
3. Block, Strang, Sonderformen
4. Klassische Verfahren (Glühen, Härten, Anlassen, Altern)
thermomechanische Behandlung (plastische Deformation vor, während oder nach der Umwandlung oder Ausscheidung)
thermochemische Behandlung (Diffussionssättigung oder Entfernung von Metallen oder Nichtmetallen)

Abb. 13. Einfluß technologischer Grundprozesse auf die Struktur.

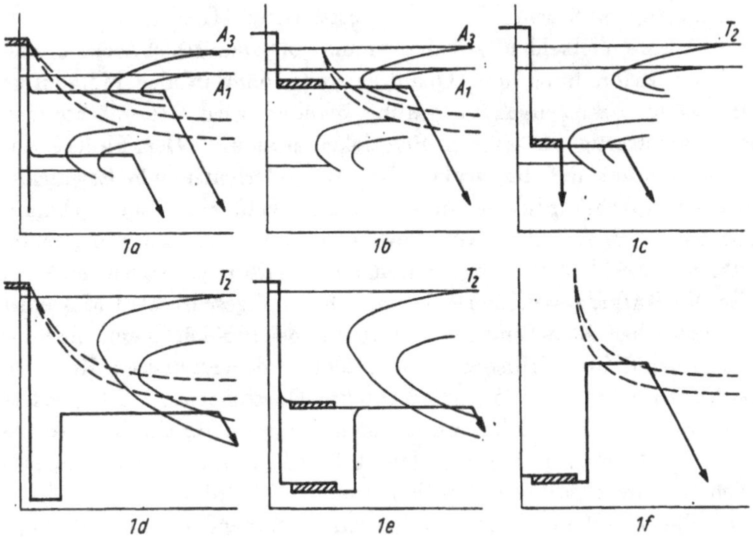

Abb. 14 a.

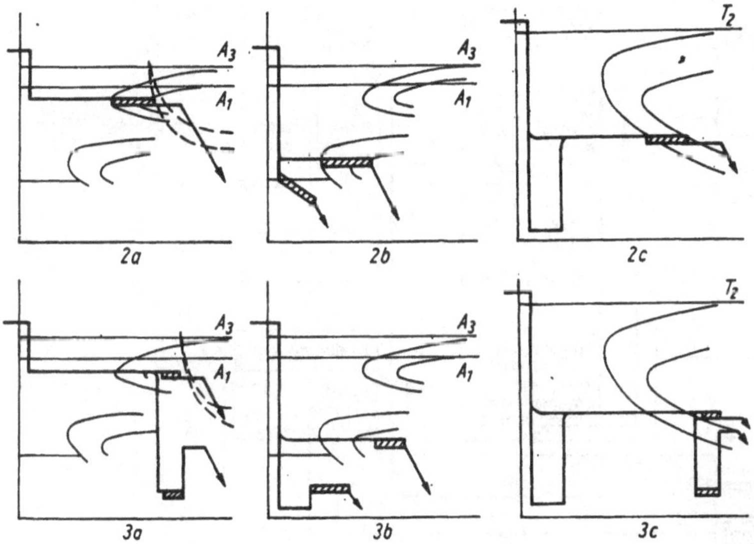

Abb. 14 b.

schen Bemerkungen, vor allem hinter der Feststellung „Einfluß stark", verbirgt sich jedoch eine Vielzahl physikalischer und physikalisch-chemischer Beziehungen, deren Erforschung und Quantifizierung dem in der Metallurgie tätigen Werkstoffentwickler noch viel Mühe bereiten wird. Ich möchte den Sachverhalt stichwortartig an einigen Beispielen erläutern. Der Einfluß der *thermischen Behandlung* auf die strukturellen Besonderheiten von Eisenlegierungen ist in der mikroskopischen Größenordnung wohl am besten bekannt. Abb. 15 zeigt die durch Abkühlen von Austenit und Wiedererwärmung metastabiler Zustände erreichbaren Gefüge. Die damit erreichbaren Teilchengrößen, beispielsweise der Karbide, bewegen sich von 0 beim abgeschreckten Martensit in fast kontinuierlicher Abstufung bis etwa 5 μm bei grobkörnigem, globular ausgebildetem Karbid im ferritischen Grundgefüge, die erzielbaren Korngrößen der Mischkristalle zwischen 5 und 10 000 μm Durchmesser. Im Gegensatz zu der Veränderung der 2- und 3-dimensionalen Fehlordnung sind die Kenntnisse aber schon bedeutend geringer im Hinblick auf die Fehlordnung im atomaren Bereich oder im Hinblick auf 1-dimensionale Fehlordnungen. So wissen wir zwar, daß die Versetzungskonzentration mit absinkender Unterkühlungstemperatur der Umwandlungsgefüge des Austenits ansteigt, quantitative Angaben über die Versetzungsanordnung und die Versetzungsdichte sind jedoch

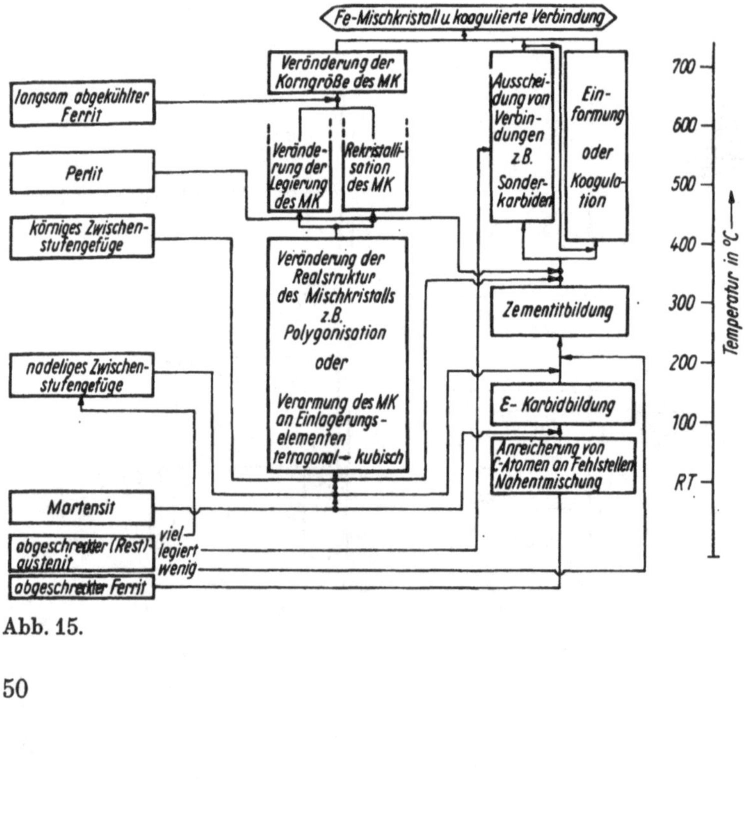

Abb. 15.

sehr spärlich. Das gleiche gilt für die Leerstellenkonzentration und für die Konzentrationsunterschiede innerhalb des Mischkristalls.

Die vielfältigen Möglichkeiten, durch *thermomechanische Behandlung* ein Umwandlungsgefüge über den Ausgangszustand, über direkte Beeinflussung der Umwandlung oder über nachträgliche Veränderung der Umwandlungsgefüge zu beeinflussen, werden noch nicht allzu lange bewußt in größerem Umfang technisch ausgenutzt und eingehender erforscht. Das gleiche gilt für die *Erstarrung,* durch die es möglich ist, die Besonderheiten der Struktur auch nach späterer Umformung und Wärmebehandlung wesentlich zu beeinflussen. Abgesehen von den lange bekannten Erscheinungen der Gefügezeiligkeit oder Gefügestreifigkeit, deren Ursache im Erstarrungsgefüge zu suchen ist, stellt sich immer stärker heraus, daß die erstarrungsbedingten, praktisch nicht vollständig ausgleichbaren Konzentrationsunterschiede alle späteren Ausscheidungs- und Umwandlungsvorgänge mehr oder weniger stark beeinflussen. Ich möchte mir weitere Einzelheiten ersparen, aber ausdrücklich darauf hinweisen, daß in zunehmendem Maße neben den Kosten die gewünschten Eigenschaften Zielgrößen für die Optimierung des technologischen Prozesses werden. Ich möchte zur Demonstration der Bedeutung des hier behandelten Komplexes die Entwicklung der schweißbaren Baustähle kurz skizzieren. Greifen wir auf Abb. 8 zurück und vergegenwärtigen wir uns die Forderungen, die in diesem Falle vorliegen. Wenn man zunächst von dem Wunsch nach Korrosionsbeständigkeit, vor allem Rostbeständigkeit, absieht und nur die mechanischen Beanspruchungen betrachtet, so könnte die Forderung nach einer hohen Dehngrenze durch Einbringen von Fehlordnungen in möglichst großer Zahl auf vielfache Weise befriedigt werden (Abb. 12). Die Wünsche nach einer niedrigen Übergangstemperatur und die Forderung nach universeller Schweißbarkeit schließen die Verwendung 1-dimensionaler Fehler weitgehend aus und engen die von 0- und 3-dimensionalen zumindest ein (Abb. 10). Es bleiben also besonders Kornfeinung, Mischkristallverfestigung und in bestimmten Grenzen Teilchenhärtung. Überprüfen wir nach Abb. 13 die metallurgischen Möglichkeiten, so steht praktisch die ganze Skala der technologischen Grundprozesse zur Verfügung. Während die ersten höherfesten schweißbaren Baustähle praktisch nur von Grundprozeß 1 (Si, Mn, Cr, Ni u. a.) Gebrauch machten, wurden die gleichen Forderungen später billiger erzielt durch gesteuerte Desoxydation oder Wärmebehandlung bzw. beides, weiter durch gesteuerte Desoxydation, Mikrolegierung (Ti, V, Nb, Zr), weiter durch gesteuerte Desoxydation, Mikrolegierung und thermomechanische Behandlung. Während vor einigen Jahren ein höherfester, schweißbarer Baustahl mit etwa 40 kp/mm^2 Streckgrenze durch Zusatz von teuren Legierungselementen und/oder zusätzliche Wärmebehandlung hergestellt wurde, entspricht diesen Forderungen heute ein kohlenstoffarmer Stahl mit weniger als 0,08% Kohlenstoff, leicht erhöhtem Mangangehalt (etwa 1%), einem Mikrozusatz an Niob (etwa 0,03%), der durch gesteuerte Behandlung beim Walzen und Abkühlen hergestellt wird. Auf Grund des erniedrigten Kohlenstoffgehaltes hat er gleichzeitig günstigere Schweißeigenschaften als der alte Stahl. Alle technologischen Hauptprozesse außer evtl. der Erstarrung selbst werden gezielt zur Erzeugung bestimmter Eigenschaften eingesetzt.

Die hier vernachlässigte Forderung nach erhöhter Rostbeständigkeit gibt uns die Möglichkeit, wieder zum Gesamtsystem Werkstoffe zurückzukehren (Abb. 6). Wenn wir bei der Relation Eigenschaften — Struktur die Witterungsbeständigkeit berücksichtigt hätten, wäre als einzige bisher bekannte Möglichkeit das Legieren in Betracht gekommen. Passivierung mit $>12\%$ Chrom scheidet aus ökonomischen Gründen für Massenstahl aus. Definierte Zusätze zur Verzögerung der Abrostung bieten zwar eine verbesserte, aber noch nicht uneingeschränkt gangbare Lösung. Zur Zeit besteht deshalb der Hauptweg in einer besonderen Gestaltung der Oberfläche des Werkstoffes bzw. Werkstückes. Eine solche Antwort ist aus der Betrachtung der auf kompakte Eisenlegierungen beschränkten Grundzusammenhänge nicht zu erhalten und erfordert die Erweiterung auf die Einflußgrößen Gestalt und Oberfläche und auf andere Stoffsysteme und vor allem die Berücksichtigung der ökonomischen Wechselwirkungen.

Ich will und kann meine Betrachtungen in dieser Richtung nicht weiterführen, glaube aber, daß die Ausführungen bereits einige wichtige Schlußfolgerungen zulassen.

Die bisherigen Darlegungen zeigen, daß eine Antwort auf die Frage, ob es zu grundsätzlichen Veränderungen im Werkstoffverwendungsgeschehen in absehbarer Zeit kommen kann, nur dann mit größerer Sicherheit möglich ist, wenn das Gesamtsystem Werkstoffe in der Volkswirtschaft entsprechend Abb. 6 analysiert wird. Nach dem mir bekannten Stand der Kenntnisse über die Teilsysteme und der Analyse ihrer Verknüpfung kann eine wissenschaftlich begründete Aussage mit hoher Wahrscheinlichkeit nicht erfolgen. Es ergibt sich deshalb die Notwendigkeit einer Systemprognose „Werkstoffe nach Maß". Ein solches Vorhaben ist aufwendig und erfordert zielstrebiges Zusammenarbeiten von Fachleuten naturwissenschaftlicher, technischer und wirtschaftlicher Disziplinen. Auch wenn eine abgerundete Darstellung in absehbarer Zeit nicht möglich sein wird, gestatten bereits Zwischenetappen bessere Vorhersagen als Industriezweig- oder disziplinspezifische Prognosen. Diese könnten entscheidende Hinweise für die zukünftige Lenkung des Bildungsvorlaufes, der Forschungstätigkeit und der Gestaltung der Volkswirtschaft ergeben.

Ausgehend vom bisherigen Stand möchte ich für die Eisenwerkstoffe folgende Aussagen für die zukünftige Entwicklung formulieren: Grundsätzlich neue Beanspruchungen für Eisenwerkstoffe zeichnen sich in der Technik offenbar nicht ab. Es werden graduelle Verschiebungen in den Beanspruchungskomplexen eintreten, z. B. bei Werkstoffen für die Raumfahrt, für die Kerntechnik, die Energieerzeugung, die chemische Verfahrenstechnik, moderne Verkehrsmittel, Tragwerke usw. Es treten hierbei beispielsweise verstärkte Forderungen im Hinblick auf die Beständigkeit gegen Bestrahlung, gegen besonderen Verschleiß und spezielle korrodierende Medien oder Ermüdung auf. Hinzu kommen Sonderforderungen im Hinblick auf magnetische Eigenschaften und die Sprödbruchsicherheit. Die Weiterentwicklung der Eisenwerkstoffe wird sich deshalb in Richtung auf die Optimierung bisher schon genutzter und z. T. schon aufgeklärter Wirkmechanismen beziehen. Der Schwerpunkt liegt hier ohne Zweifel beim Auffinden verbesserter, d. h. wirtschaftlicherer Lösungen zur technologischen Verwirklichung bestimmter als günstig erkannter Strukturen, wie es am Beispiel der höherfesten schweißbaren Baustähle demonstriert wurde. In Zukunft wird also in weit stärkerem Maße die Gesamtheit der technologischen Grundprozesse zur Eigenschaftsmanipulation ausgenutzt werden, d. h. gelenkte Desoxydation und Erstarrung, Mikrolegierung, thermomechanische, thermische und thermochemische Behandlung.

Eine bevorzugte Tendenz wird die Kombination mehrerer Grundprozesse für eine bestimmte Zielstellung sein, wobei auch die Vereinigung bisher getrennter Verfahrensstufen eine Rolle spielt, z. B. die Durchführung der Erstarrung, der mechanischen und thermischen Behandlung in einer Verfahrensstufe oder die kombinierte thermomechanische und thermochemische Behandlung. Um die zweifellos noch vorhandenen Möglichkeiten rasch in der Technik realisieren zu können, ist es notwendig, die Anstrengungen der Forschung auf die besonders schwerwiegenden Lücken im besprochenen System zu konzentrieren. Für die Gruppe der Eisenwerkstoffe sind das vor allem die Wechselbeziehungen Beanspruchung — Eigenschaften und die Wechselbeziehungen zwischen den technologischen Grundprozessen und den Strukturparametern. Im ersten Fall ist der Stand überall dort unbefriedigend, wo technologische Prüfungen die bisher einzige Orientierung darstellen (siehe Abb. 9). Genaugenommen reichen die Kenntnisse aber auch dort nicht aus, wo die verwendeten Eigenschaften nicht für die Berechnungen des Konstrukteurs angewendet werden können.

Die bei den technologischen Grundprozessen ablaufenden physikalischen und physiko-chemischen Prozesse zur Gefügebildung werden in der Regel von kinetischen Faktoren bestimmt. Es ist bisher in den wenigsten Fällen gelungen, naturwissenschaftlich begründete Beziehungen abzuleiten, die Auskunft über den zeitlichen Ablauf der Reaktionen im technischen Maßstab ermöglichen. So ist beispielsweise der für die thermomechanische Behandlung wichtige Ablauf der Rekristallisation mittels Laboruntersuchungen für einige Werkstoffe zwar halbempirisch durch einen mathematischen Formalismus erfaßt worden, seine Übertragung auf technische Größenordnung gelingt jedoch noch nicht, weil die vielfältigen, möglichen Einflüsse auf die Keimbildung nicht hinreichend bekannt sind. Das gilt in gleicher Weise für nahezu alle genannten technologischen Grundprozesse. Dieser mangelhafte Erkenntnisstand steht der Abfassung voraussetzungsfreier Modelle für die optimale Steuerung der Verfahren entgegen.

Auswahlkriterien für die wichtigsten in der Forschung zu bearbeitenden Fragen sind für den Massenwerkstoff in jedem Falle ökonomische Bewertungen, die möglichst weitgehend das Gesamtsystem Werkstoffe in der Volkswirtschaft berücksichtigen. Insofern sind die bisherigen Prognosen auch auf dem Sektor Eisenwerkstoffe ungenügend fundiert und auch die im folgenden zu nennenden Schwerpunkte nur subjektiv aus dem gegenwärtigen Trend abgeschätzt. Im Interesse der Materialökonomie sollten für unsere Volkswirtschaft besonders bedeutsam sein: Fragen des Sprödbruches und der Werkstoffplastizität generell, Fragen der Korrosion und des Verschleißes.

Eine mit geringem Aufwand verbundene Verbesserung der Eigenschaften läßt vor allem die thermomechanische und die thermochemische Behandlung erwarten, wodurch die wissenschaftliche Untermauerung dieser Prozeßstufen besondere Bedeutung gewinnt. In ähnlicher Weise ist auch die Mikrolegierungstechnik einzuschätzen.

Insgesamt gesehen ist wohl auch aus der etwas eingehenderen Analyse des Teilsystems Eisenwerkstoffe zu entnehmen, daß in der nächsten Zukunft bei der Weiterentwicklung dieser Werkstoffe neben einer exakt begründeten Werkstofforschung (Weg I in Abb. 7) auch den halbempirischen Verfahrenswegen noch große Bedeutung zukommt (II, III und IV). Die Entwicklung und Produktion im Versuchsmaßstab wird aus diesem Grunde nach wie vor die größten Forschungsmittel und auch den überwiegenden Teil der in der Forschung tätigen personellen Kapazitäten beanspruchen.

F. G. Wihsmann

Glas als Konstruktionswerkstoff

Unter Glas soll im vorliegenden Zusammenhang nur anorganisches, insbesondere silikatisches Glas, verstanden werden. Dabei werden gelegentlich Abkömmlinge des Glases wie Vitrokeram, das sind synthetisierte, kristallisierte Gläser, aber auch Schlacken, die wir als natürliche Vitrokerame bezeichnen könnten, sowie im gewissen Umfange natürliche Gesteine, die über den glasigen Fluß entstanden sind, dazugerechnet. Jedes Material wird entsprechend den Vor- und Nachteilen, die die Gesamtheit seiner Eigenschaften für den jeweiligen Zweck aufweist, als Werkstoff oder Baustoff eingesetzt. Die „Eignung" wird nach praktischen Gesichtspunkten beurteilt und stellt ein temporäres Optimum der technischen, ökonomischen und gegebenenfalls ästhetischen (architektonischen) Stoffparameter dar; sie ist ihrem Wesen nach sowohl zeitlich als auch sachlich relativ, wobei geographische, aber auch traditionelle Einflüsse eine große Rolle spielen.

Im vorliegenden Beitrag kann die ganze angedeutete Fülle der bestimmenden Faktoren nicht diskutiert werden; vielmehr soll nur versucht werden, den durch Verbesserung der technischen Eigenschaften stetig erweiterten Einsatz sowie den durch sprunghaft gesteigerte Parameterwerte ermöglichten Einsatz in völlig neuen Gebieten darzustellen, und zwar für das Werkstoffgebiet Glas.

Der Einfluß der Eigenschaften auf den Einsatz von Glas und keramischen Werkstoffen

Auf Grund der einführenden Überlegungen erscheint es zweckmäßig, sich zunächst einmal die „Stärken und Schwächen" von Glas als Werkstoff oder Baustoff vor Augen zu führen, um die tatsächlichen Ursachen der bestehenden Einsatzgrenzen zu erkennen. Die Tabelle 1 zeigt eine Wertung der Eigenschaften konventioneller Spezialgläser, spezifischer Keramiken sowie von Vitrokeram und Verbundstoffen.

Tabelle 1. Bewertung einiger Eigenschaften von Glas und Keramik

	Glas	Keramik	Vitro-keramik	Keram.-Metall-Verb.	Stahl	Alu	Plast
Chemische Beständigkeit	+++	++(+)	+++	++	(−)	+	++
Biegefestigkeit	+	++	++	++	+++	++	++
Verschleiß-festigkeit	+	+++	+++	++	++	(+)	(+)
Oberflächenhärte	+	+++	+++	++	+	+	−
elastisches Verhalten	+	+	+	++	+++	++	+++
plastisches Verhalten	−	−	−	(+)	++	+	+++(+)
mechanische Wechselfestigkeit	+	+	+	+	+++	++	+++
Schlagfestigkeit	+	+(+)	+(+)	++	+++	+++	++
elektr. Isolationsfähigkeit	+++	+++	+++	+	−	−	++
dielektrisches Verhalten	+	+++	++	+	−	−	++
magnetische Eigenschaften	−	+++²)	−	+	+++	−	−
optische Eigenschaften	+++	−	++	−	−	−	(+)
Temperatur-beständigkeit	++	+++	+++	++	+	(+)	−
Wärmeschock-verhalten	+++¹)	+++	+++¹)	+++	++	++	+

¹) sehr hohe Kosten

²) extrem spezielles Material

+	gute Eigenschaften
++	sehr gute Eigenschaften
+++	ausgezeichnete Eigenschaften
(+)	begrenzt gute Eigenschaften
−	nicht vorhanden

Die einzelnen Eigenschaftsgruppen lassen erkennen:

— Die chemische Beständigkeit silikatischer Werkstoffe ist hoch — außer gegen H_2F_2.
— Die mechanischen Eigenschaften, speziell des Glases, sind ungenügend ausgebildet, insbesondere ist zu bemerken, daß die Bruchgrenze mit der Grenze der elastischen Dehnung zusammenfällt.
— Die elektrischen Eigenschaften können weitgehend wunschgemäß ausgebildet werden.
— Die optischen Eigenschaften können bis auf ganz spezielle Verhaltensweisen wunschgemäß ausgebildet werden.
— Die thermischen Eigenschaften, insbesondere die Wärmeschock- oder auch die Temperaturwechselbeständigkeit, lassen sich nur durch relativ großen Aufwand oder durch entsprechend teure Spezialwerkstoffe qualitativ ausreichend beherrschen.

Wenn wir an die Anwendung des Glases und seiner Abkömmlinge als Konstruktionswerkstoff denken, so müssen wir hierbei drei Gebiete unterscheiden.

Zunächst stechen die Anwendungen auf dem Bausektor ins Auge, als zweites sind die auf dem Maschinen- und Anlagenbau zu nennen und letztlich wird sich in Zukunft immer mehr der Rohrleitungsbau hier nennen lassen. Wenn wir zugleich noch die wesentlichsten Anwendungen auf diesen einzelnen Sektoren nennen wollen, so sind dies im Gebiet des Bauwesens zunächst die selbsttragenden Konstruktionswerkstoffe Profilglas und Glasziegel, wobei Glasziegel bedingt auch tragenden Charakter haben können. Weiterhin zu nennen sind hier betonähnliche Elemente aus Sitallen, einer sowjetischen Schlacken-Vitrokeram-Variante, die insbesondere als Betonverkleidungen, als Wandverkleidungen und als Treppenstufen Anwendung finden. Zum zweiten Gebiet gehören die sehr bekannten Porzellan- und Glaspumpen, aber auch die Gehäuse und Lager, die man aus Glas und seinen Abkömmlingen herstellen kann. Auf dem Gebiet der Rohrleitungen sind natürlich zu nennen Porzellanrohre und Glasrohre für spezielle, insbesondere chemische Zwecke, in allerdings zunächst und zumeist nur kleinen Abmessungen. Nicht unerwähnt bleiben sollen an dieser Stelle auch die bekannten Schlacke-, Sitall- oder Schmelzbasalt-Rohrleitungen, die ja, wie bereits erwähnt, aus kristallisierten Gläsern hergestellt werden können. Wenn wir die Betrachtung der Tabelle 1 zum Anlaß nehmen wollen, eine Einstufung oder eine detaillierte Betrachtung der Eignung der einzelnen Werkstoffe für spezielle Einsatzgebiete des Konstruktionsbaues zu werten, bemerkt man sehr schnell, daß einmal weitere Parameter hier in Frage stehen und daß zum anderen offensichtlich ohne eine geeignete Sichtung der genannten Parameter keine Einordnung erfolgen kann. Interessant sind in diesem Zusammenhang sicher weitere Parameter, so insbesondere solche, die mehrere Eigenschaften gleichzeitig berücksichtigen. Bilden wir Quotienten, so solche aus der Festigkeit und dem Gewicht, oder Festigkeit und dem Preis oder ähnliches, wie dies in Tabelle 2 geschehen ist, kommt man zu neuen interessanten Zusammenhängen.

Tabelle 2. Parameterquotienten

	Stahl	Beton	Glas	Schlacken	Alum.	Plast
Festigkeit	3	1	4	2	5	6
Leichtigkeit	6	4	3	5	2	1
Festigkeit/Gewicht	6	5	2	3	1	4
Festigkeit/Preis	4	1	3	2	6	5
Festigkeit/Energie	5	1	2	3	6	4
(1 = bester Wert)						

In Diskussion der Tabelle 2 ist festzustellen, daß dabei selbstverständlich die genannten Zahlen nicht als absolute Relationen betrachtet werden können, da wiederum eine Sichtung und dies in Abhängigkeit vom speziellen Einsatzzweck vorgenommen werden muß und erst dann gesagt werden kann, diese Relation oder Quotienten kommen für diesen speziellen Fall zum Tragen und sind als Maßstab zu werten.

Die Festigkeit des Glases hängt außerordentlich wenig von der spezifischen Zusammensetzung des betreffenden Glases, wohl aber von dessen physikalischen und insbesondere von dessen Oberflächenzustand ab. Die Einleitung des Bruches bei einem Glas wird zumeist durch das Zusammenwirken einer Vielzahl von Kerbstellen hervorgerufen. Diese Kerbstellen sind als Mikrorisse vorstellbar und als solche nicht sichtbar zu machen. Die praktische Festigkeitsmessung des Glases wird in Form einer Biegebruchprüfung abgewickelt, da sich bei der sonst üblichen Zugspannungsmessung Einspannungsprobleme ergeben. Die mechanischen Eigenschaften des Glases lassen sich als hochelastisch, jedoch unplastisch und ideal spröd bis zur Brucherscheinung zusammenfassen, wobei hier eingeschlossen sein muß das mikroplastische Verhalten, das mikroplastische Fließen des Glases in entsprechenden Größenordnungen. Die derzeitigen Eigenschaften, insbesondere die mechanischen Eigenschaften des Glases, begrenzen natürlich seine Verwendung, so auch die als Konstruktionswerkstoff. Es hat deshalb nicht an Versuchen gefehlt, diese Eigenschaften zu verbessern bzw. konventionelle Gläser zu vergüten oder durch Verbundbildung mit anderen geeigneten Werkstoffkomponenten „Verbindungen“ oder Verbunde zu erzeugen, die bessere Eignungen für den spezifischen Zweck aufweisen. Zu den Vergütungsprozessen muß man wenigstens erwähnen die Möglichkeit des mechanischen, des thermischen oder des chemischen Polierens der Glasoberfläche, um mikrorißärmere Oberflächen zu erzeugen. Erwähnt werden müssen hier auch Belegungen, die jedoch im allgemeinen hauptsächlich für optische und ähnliche Zwecke vorgenommen werden, sowie das Nachpressen von Halbzeugen und das Schrumpfen, Pressen und Anschmelzen unter Anwendung einer Feuerpolitur. Für sehr komplizierte und kleine Formteile mit hohen Stückzahlen werden auch Sintergläser hergestellt, die gewissermaßen höheren Anforderungen genügen können. Weitere Möglichkeiten bestehen in dem Härten oder Verfestigen des Glases, worunter man ganz allgemein das Aufbringen von Druckspannungen in Oberflächenschichten versteht, da die Druckfestigkeit die Zugfestigkeit des Glases weit übertrifft. Es werden auf diese Weise Druckvorspannungen aufgebracht, die bei Zugbelastung der Glasoberfläche erst abgebaut werden müssen. Solche Verfestigungen können in an sich bekannter Weise durch Abschrecken an Luft oder in Flüssigkeiten des heißen Glases erzeugt werden. Moderner sind hier Ionenaustauschprozesse unterhalb der Transformationstemperatur, die eine Druckspannung in der Oberfläche erzeugen. Noch wenig verbreitet sind Verbunde auf glasiger Matrix, hier stehen wir erst am Anfang einer wahrscheinlich umfangreichen Entwicklung. Bekannter hingegen sind Glasverbunde auf Plastmatrix, wobei Glas in Form von Fasern und Seiden zur Anwendung gelangt.

Es sollen hier noch einige wesentliche Eigenschaften genannt werden, die die Überlegungen, Glas einzusetzen oder nicht einzusetzen, doch erheblich beeinflussen können. So sind hier zu nennen:

Die Bearbeitbarkeit des Werkstoffes. Glas läßt sich durch Schneiden (Diamant-Hartmetall), durch Schleifen, durch Bohren, bei Anwendung von Ultraschall auch nichtrunder Löcher, mit losem oder gebundenem Korn bearbeiten. Die Verbindungsbildung, d. h. das Aneinandersetzen von Glasbauelementen ist prinzipiell gelöst, stellt jedoch, wird nicht geschweißt, einen Schwächepunkt des Erzeugnisses dar. Die Anfälligkeit gegen das Baustellenklima ist bei Glas normaler Herkunft erheblich und nicht mit Metallen vergleichbar. Es gibt eine Reihe von Spezialtechnologien für die Verarbeitung des Glases. Auf diesem Gebiet ist außerdem eine erhebliche Entwicklung zu verzeichnen. Wann sollte für eine Konstruktion Glas gewählt werden?

Am einfachsten läßt sich diese Frage unter Anwendung der Tabellen 1 und 2 und folgender Hinweise beantworten. Glas eignet sich dann als Konstruktionswerkstoff, wenn seine Vorteile bei der Auswahl in Frage stehen, so insbesondere eine hohe Lichtdurchlässigkeit, eine relativ hohe Oberflächenhärte. Die Anwendung hoher Betriebstemperaturen oder spezifischer Drücke, die Anwendung chemischer Agenzien und gegebenenfalls elektrische Belastungen würden die Auswahl des Glases befürworten. Weitere Vorteile sind die leichte Reinigung von Glasflächen und die gute, einfach durch visuelle Prüfung durchzuführende Gütekontrolle von Glasbauteilen. Auch die Kosten des Glases sind im Vergleich, wie bereits dargestellt, zu anderen relativ niedrig, so u. a. auch durch die vergleichsweise billigen Glaswerkzeuge. Wie ist der Zusammenbau von Glasformteilen vorzunehmen?

Häufig und verbreitet ist der Zusammenbau durch Einspannen. So bekannt bei Fenstern, Linsen, Kesselschaugläsern, wobei dieses Einspannen mit Hilfe von Glas, Holz, Plast, Metall oder Gummi vorgenommen werden kann. Eine andere Form des Zusammensetzens ist mit steigenden Kosten vorzunehmen durch Stauchen, Kleben, durch Preßpassung, durch Verschmelzen, durch Löten oder durch Aufschrumpfen. Diese genannten Verfahren kommen in der Praxis zur Anwendung, wobei man sehr leicht die Anwendbarkeit der einzelnen Verfahren beim beabsichtigten Anwendungsgebiet abgrenzen kann.

Es sollen nunmehr einige Hinweise für die Konstruktion mit Glas gegeben werden:

1. Die Seitenwände von Gläsern oder glasigen Behältern, Formlingen und ähnlichem sind wegen der Formung kegelig zu gestalten.
2. Wegen der Gefahr von Spannungsrissen sollten starke Wandstärkenübergänge vermieden werden.
3. Es ist generell auf Druckspannung zu konstruieren.
4. Bohrungen in Glas sollten durch vorangebrachte Vertiefungen oder Aussetzungen vorbereitet bzw. erleichtert werden.
5. Es ist unter dem Blickpunkt zu konstruieren, daß das Abspanen und das Schleifen von Glas teure Verarbeitungsvorgänge sind.
6. Die Toleranzen des Glases sind größer als die von Metallen zu berücksichtigen.
7. Die Toleranzen sind vom Fertigungsverfahren abhängig. So sind sie zweimal so groß, wenn statt der Maschinen- eine Handfertigung notwendig wird. Nennen wir als Beispiel Kleinstmaße und Toleranzen von Seitenwänden.

Tabelle 3: Zu berücksichtigende Dimensionierungszusammenhänge

Durchmesser	Kleinstmaß der Seitenwand	Toleranz des Kleinstmaßes der Seitenwand
2–10 cm	3 mm	± 0,6 mm
10–20 cm	4,5 mm	± 0,8 mm
20–30 cm	6 mm	± 1,2 mm

8. Bei der Konstruktion sollten niemals zu kleine Innenradien gewählt werden, so bei Durchmessern oder Höhen von

2—10 cm etwa 9 mm Radius

bei 10—20 cm etwa 20 mm Radius und

bei 20—30 cm etwa 25 mm Radius als Mindestforderung.

Wird üblicherweise mit Hilfe der zulässigen Zugspannung, vermehrt um einen Sicherheitsfaktor, konstruiert, so ist diese Methode beim Glas nicht möglich und üblich, vielmehr kommt hier eine statistische Methode, die die Veränderlichkeit der Zugfestigkeit berücksichtigt, zur Anwendung. Man berechnet die Bruchwahrscheinlichkeit mit einem prozentualen Risiko bzw. die zulässige Betriebsspannung mit einem dem jeweiligen Verwendungszweck angemessenen Risiko. Letztlich sei eine weiterschauende Einschätzung der Verwendung des Glases als Konstruktionswerkstoff gegeben. Die heutige diesbezügliche Anwendung des Glases ist wohl funktional bedingt und kaum aus der Praxis wegzudenken, sie ist jedoch nichtsdestoweniger außerordentlich gering und nicht bestimmend. In dem Maße, wie sich bestimmte Eigenschaften der Gläser qualifizieren, bzw. wie die Grundqualität des Glases durch weitere stoffliche, technologische und anwendungstechnische Entwicklungen erhöht wird, muß auch diese Qualitätssteigerung in einer breiteren und vermehrten Anwendung ihren Niederschlag finden. Mit Sicherheit werden Gläser neuen Typs, d. h. Gläser veränderter, zweckentsprechender Eigenschaften, ihren Eingang in das Bauwesen und andere technische Gebiete finden, wenn die Verwender solcher Werkstoffe nicht mehr mit so hohen Bruchquoten, so hoher Empfindlichkeit und ähnlichen Mißhelligkeiten zu rechnen haben. Die Langzeitbenutzung von Konstruktionswerkstoffen ist ebenso wie der Leichtbau ein Traum der Konstrukteure und Bauschaffenden. Dieser Traum wird sich in der angegebenen Weise immer mehr verwirklicht sehen, wenn es gelingt, die mechanischen Oberflächeneigenschaften von Glas zu verbessern.

H. Frommelt

Plaste als Konstruktionswerkstoffe

1. Einleitende Bemerkungen

Die Plaste als eine der jüngsten Gruppen von modernen Werkstoffen bilden in zunehmendem Maße eine wesentliche Ergänzung der traditionellen Werkstoffe wie Metalle und anorganische Produkte vom Typ der technischen Gläser und hydraulischen Bindemittel.

Auf fast allen Gebieten unseres gesellschaftlichen Lebens haben sich die Plaste, z. B. als elektrische und thermische Isolierstoffe, Textilfasern, Leichtbauelemente, Dämmstoffe, Produkte zur Oberflächenvergütung (Lacke und Farben), Klebstoffe für alle bekannten Werkstoffe und zahlreiche Gegenstände des täglichen Bedarfs, schon vielfach gut bewährt.

Eine weitere Substitution und höherer Substitutionseffekt sowie die Erweiterung der Applikationsgebiete werden jedoch von der weiteren Entwicklung der Eigenschaften dieser Stoffgruppe bestimmt werden, da die Plaste neben ihren spezifischen, positiven Eigenschaften, wie geringe Dichte, welche nur etwa $^1/_3$ bis $^1/_8$ der traditionellen Konstruktionswerkstoffe ausmacht, hohe Korrosionsbeständigkeit und ökonomisch günstige Verarbeitungsmöglichkeiten, einen mehr oder weniger ausgeprägten grundsätzlichen Nachteil aufweisen, nämlich die verminderten konstruktiven Eigenschaften, die u. a. durch die Temperaturabhängigkeit der Kenngrößen bedingt ist.

Daher beschränkt sich der Einsatz von Plasten im allgemeinen auf den Temperaturbereich von maximal -70 °C bis 120 °C, wobei es sich hierbei für die meisten Plaste um höchstmögliche Grenzwerte handelt. Bei tiefen Temperaturen werden sie spröde und besitzen eine geringe Schlagfestigkeit, während bei hohen Temperaturen Erweichung und Zersetzung eintreten.

Bei dem Versuch einer Einteilung u. a. nach den genannten Eigenschaften, kann zwischen sogenannten Massenplasten (Grundpolymere), Konstruktionsplasten und Spezialpolymeren unterschieden werden.

Abb. 1 zeigt einige charakteristische Vertreter der drei aufgeführten Gruppen, wobei gesagt werden muß, daß nicht nur die Grenzen zwischen diesen fließend sind, sondern auch die Kategorisierung selbst einen etwas willkür-

1. *Grundpolymere*
   PVC
   Polyäthylen
   Polystyrol
   Elaste
   Pheno- und Aminoplaste
2. *Konstruktionspolymere*
   — Polyurethane
   — ungesättigte Polyester
   — Polymethacrylate
   — Polypropylen
   — Polyamide
   — Polyoxymethylen
   — Epoxidharze
   — Polycarbonate
3. *Spezialpolymere*
   — Silikone
   — Fluorpolymere
   — Polyvinylacetat
   — hochtemperaturbeständige Acrylate

Abb. 1 [1] Charakteristische Vertreter der Grund-, Konstruktions- und Spezialpolymere.

lichen und subjektiven Charakter besitzt und noch durch andere Kriterien bestimmt wird.

Für den konstruktiven Einsatz besitzen jedoch nicht nur die sogenannten Konstruktionsplaste Bedeutung, sondern gleichermaßen und z. T. mit größerer Berechtigung einige z. B. durch Copolymerisation, den Einbau von Füllstoffen und Fasermaterialien sowie zu Sandwichstrukturen abgewandelte Massenpolymere, auf die noch speziell eingegangen werden wird.

2. *Die mechanischen Eigenschaften der Plaste*

Die Begrenzung der Applikationsmöglichkeiten der Plaste auf relativ kleine Temperaturbereiche, wenn man z. B. Metalle, Glas und keramische Werkstoffe zum Vergleich heranzieht, bedingt eine ausgedehnte Betrachtung des Verhaltens in Abhängigkeit von den wichtigsten Koordinaten der Beanspruchung, wie Temperatur, Zeit und Druck, wenn hinreichende Kennwerte für die praktische Anwendung gewonnen werden sollen.

2.1. Fließeigenschaften

Dies gilt insbesondere für Thermoplaste, die wegen ihres leichten Flusses bei höheren Temperaturen für die Verarbeitung in technologischer und ökonomischer Hinsicht bedeutende Vorteile bringen, wobei jedoch die leichte Fließbarkeit bei einer zeitabhängigen Belastung für den konstruktiven Einsatz ein erhebliches Problem darstellt.

Auch der schon bei normalen Temperaturen unter starker mechanischer Beanspruchung auftretende „kalte Fluß" ist ein entscheidendes Kriterium für den praktischen Einsatz für konstruktive Zwecke.

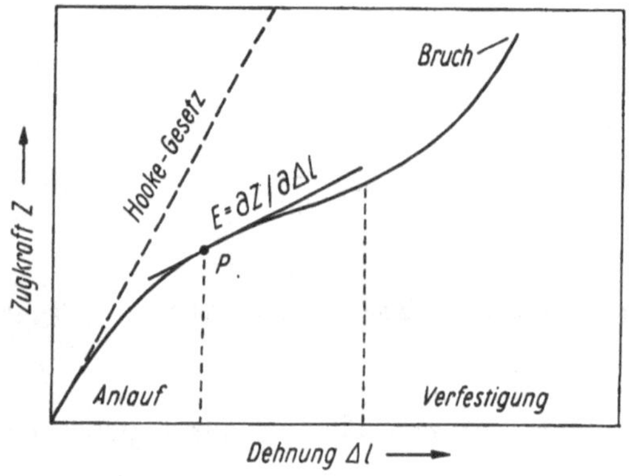

Abb. 2 [1] Prinzipbild der Zug-Dehnung bis zum Bruch mit Anlauf und Verfestigungsgebiet.

Der charakteristische Unterschied der Plastwerkstoffe gegenüber anderen Werkstoffen und ihres Fließverhaltens beruht darauf, daß sich an das Überschreiten der oberen Fließgrenze eine Festigkeitsabnahme anschließt bis zu einem Minimum, das auch untere Fließgrenze genannt wird. Danach schließt sich ein weiteres starkes Fließen an, was an dem langen nahezu waagerechten Verlauf der Kurve zu erkennen ist. Das heißt, das Fließen ist charakterisiert durch eine Zunahme der Dehnung ohne Anstieg der Kraft.

Das „kalte Fließen" eines scheinbar festen Körpers (scheinbar, weil es sich bei den Polymeren in Wirklichkeit um einen sehr hochviskosen Stoff handelt) ist insofern ein Problem, weil es eine Abhängigkeit der Belastung p von der Zeit z gibt, die sogenannte Zeitstandsfestigkeit, die für jedes Konstruktionsteil anders ist. Die insbesondere für Stahl schon lange bekannten Zusammenstellungen der Daten für die Ermittlung der Zeitstandsfestigkeit, vor allem von Halbzeugen und Fertigteilen, müssen für Plastwerkstoffe noch weitgehend erarbeitet werden.

2.2. Temperatur — Zeitabhängigkeit

Daraus leitet sich ab, daß die konstruktiven Eigenschaften nicht allein durch die Größen Bruch und Plastizität gekennzeichnet werden können, sondern im Zusammenhang damit durch das viskoelastische Verhalten im linearen und nichtlinearen Bereich. Hieraus ergibt sich auch das bereits angesprochene abweichende Verhalten gegenüber Metallen, welches durch die Zeit- und Temperaturabhängigkeit der Kenngrößen charakterisiert werden kann. An die Stelle der Kenngrößen treten deshalb Kennwertfunktionen, wie der Scher- oder Schubmodul in Abhängigkeit von der Temperatur und die Zugfestigkeit als Funktion der Belastungsdauer.

Die aufgezeichneten Kurven in Abb. 3 bringen den Unterschied der mechanischen Eigenschaften der verschiedenen Materialien zum Ausdruck.

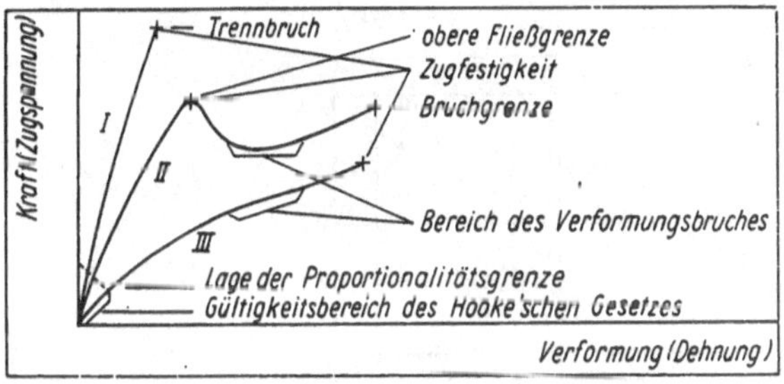

Abb. 3 [1] Spannungs-Dehnungsdiagramm (Prinzip)

Entsprechend dem Hookeschen Gesetz ist die Proportionalität zwischen Kraft und Verformung bekanntlich nur im elastischen Bereich gültig, der bei den verschiedenen Materialien auch verschieden groß ist.

Während er bei Stahl relativ groß ist, muß er für Kunststoffe sehr klein angesetzt werden. Das heißt, Plaste verformen sich praktisch von Anfang an stärker als es dem Proportionalitätsgesetz entspricht. Die Proportionalitätsgrenze liegt bei Baustahl mit einer Bruchfestigkeit von 35 kp/mm^2 bis 15 kp/mm^2 sehr hoch.

Im Rahmen der Arbeiten zur Stoffwandlung wurden insbesondere die mechanischen Eigenschaften der Plastwerkstoffe in bezug auf ihre möglichen Kennwerte noch lange nicht erreicht, da einerseits die Zusammenhänge zwischen makromolekularer Struktur und makroskopischen Eigenschaften und andererseits noch nicht einmal alle maßgeblichen Strukturparameter erforscht sind.

Daneben ist es technologisch noch nicht immer möglich, selbst die bereits bekannten Erkenntnisse zu realisieren.

2.3. Bruchvorgänge

Neben Fließvorgängen, die sich im allgemeinen auf ausgedehnte Bereiche des beanspruchten Körpers erstrecken, treten bei entsprechend großen und schnell einwirkenden Kräften in Teilbereichen sehr hohe Spannungsspitzen auf, so daß es zu Zerreißvorgängen, also zum Bruch kommt.

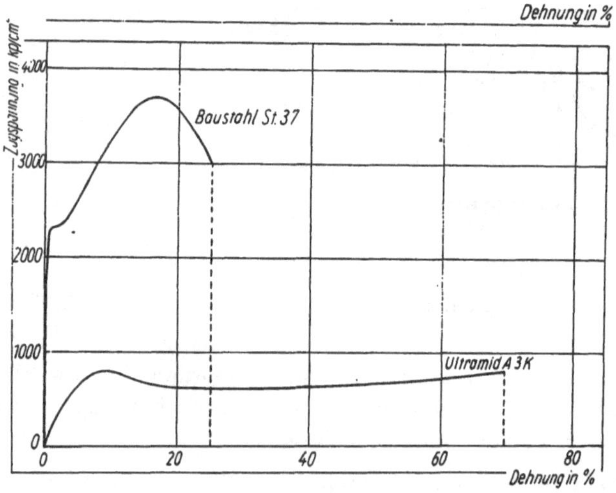

Der Trennbruch ist ein Sprödbruch, wie er vom Glas bekannt ist. Der Verformungsbruch hingegen ist ein plastischer Bruch, an dem die Verformung, z. B. am veränderten Querschnitt, noch erkennbar ist.

Typische Vertreter, die einen Weichbruch bzw. plastischen Bruch erleiden, sind:

- Polyäthylen (insbesondere Hochdruckpolyäthylen)
- schlagfestes Polystyrol
- weichgemachtes Polyvinylchlorid (PVC)
- längere Zeit im Wasser gelagertes Polyamid (teilweise Wasseraufnahme von 7—8%).

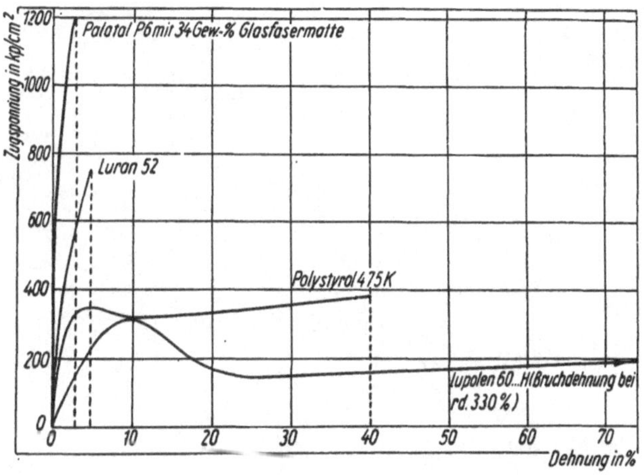

Abb. 4 und 5. [1] Spannungs-Dehnungsdiagramm verschiedener Werkstoffe.

Die üblichen Konstruktionspolymere, wie Polyester, Epoxidharze, Normal-Polystyrol und Duroplaste, zeigen dagegen einen ausgesprochenen Sprödbruch.

Da Zugspannungen im praktischen Gebrauch mit zu den gefährlichsten Beanspruchungen gehören, sollen die Festigkeitseigenschaften einiger charakteristischer Plaste z. T. in Gegenüberstellung zu anderen Werkstoffen an den verschiedenen Formen der Kraft-Längenänderungsdiagramme erläutert werden.

Kraft-Längenänderungs-Diagramme

Die ausgezogenen Linien zeigen den Verlauf der Zugkraft/Längenänderung in Richtung Zerstörung bis zum Bruch (durch o gekennzeichnet); die gestrichelten Linien bedeuten den Verlauf, wenn der Körper vor dem Bruch (x) wieder langsam entlastet wird. Der Abstand zwischen beiden Kurvenfußpunkten gibt die bleibende Längenänderung an.

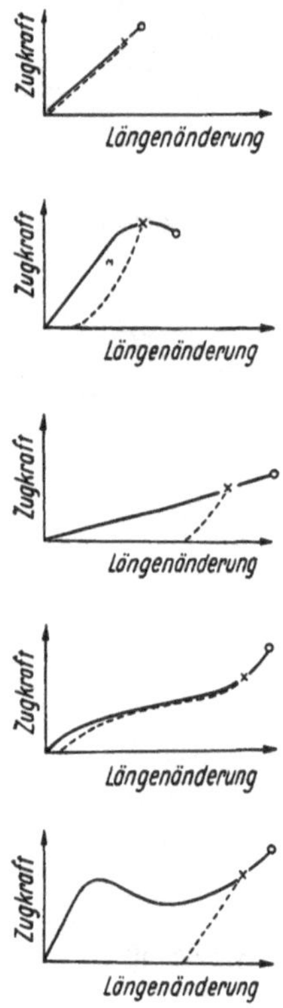

Abb. 6.1. [2] Harte Plastwerkstoffe, die einen Sprödbruch zeigen: Polyester, Epoxidharze, Polystyrol, Pheno- u. Aminoplaste), ähnliche Kurven zeigen Gußeisen, keramische Werkstoffe und Holz.

6.2. [2] Gering dehnbare Plaste: (z. B. PVC mit einem geringen Anteil von Weichmachern), analoge Kurven werden für Kupfer, Blei und Messung erhalten.

6.3. [2] Sehr dehnbare Kunststoffe mit vorwiegend plastischer Verformung (weichgemachtes PVC, nicht vulkanisierte Kautschukmischungen).

6.4. [2] Sehr elastische Polymere mit Kautschukelastizität (Weichpolyurethan, vulkanisierter Weichgummi).

6.5. [2] Plaste mit ausgesprochenen Fließeigenschaften und Streckgrenzen (Polyäthylen, Polypropylen), ähnlicher Verlauf zeigt zäher Stahl.

In Abb. 7 ist der Elastizitätsmodul verschiedener Kunststoffe und metallischer Werkstoffe bei Normaltemperatur aufgeführt. Hierin zeigt sich, daß die Plastwerkstoffe etwa im Durchschnitt zwei bis drei Zehnerpotenzen unter den metallischen Werkstoffen liegen.

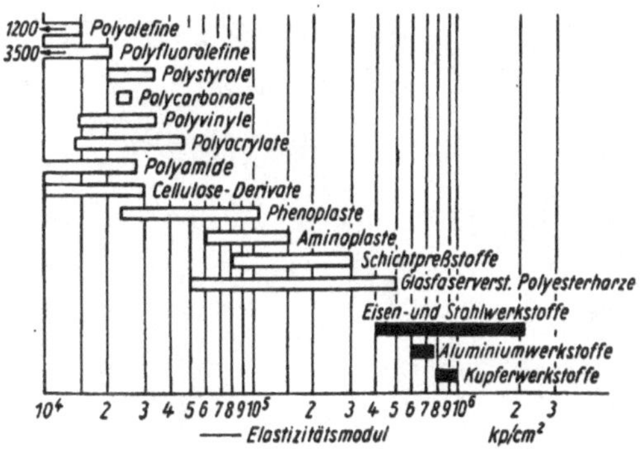

Abb. 7. [3] Elastizitätsmodul verschiedener Kunststoffe und metallischer Werkstoffe bei 20 °C.

2.4. Bindungseinflüsse auf das Bruchverhalten

Es konnte bereits festgestellt werden, daß sich die Moleküle beim Fließen in eine neue Lage schieben und danach imstande sind, wieder neue Kräfte aufzunehmen, wobei das Fließen aufhört und die Spannung wieder ansteigt, bis die Bruchgrenze erreicht ist; es tritt dann der Trennbruch ein.

Im Gegensatz zu anderen Werkstoffen ist bei den Plastwerkstoffen die statistische Verteilung der Beanspruchung auf die einzelnen Bindungen die Hauptursache für das unterschiedliche Bruchverhalten.

Die in Abb. 8 am oberen Bildrand dargestellte Zugspannung σ wird primär die Moleküle AA, BB usw. beanspruchen. Nachdem diese gerissen sind, wird sich die Belastung auf die Moleküle CC oder DD übertragen. Es zeigt sich daraus, daß eine Berechnung der durchschnittlichen Beanspruchung der Moleküle nicht möglich ist.

Durch sogenannte Platzwechselvorgänge erfolgt vor dem Bruch eine Parallellagerung der Moleküle (Verstreckung), die eine starke Verfestigung des polymeren Festkörpers bewirkt.

Diese Erscheinung wird z. B. auf dem Gebiet der Synthesefasern (Polyamid), aber auch Folien bewußt zur Erhöhung der Reißfestigkeit ausgenutzt, wobei durch ein solches Verstrecken die Festigkeit wesentlich gesteigert werden kann.

Die molekularkinetischen Vorgänge des Bruches an Polymeren, die auf die unterschiedliche Wirksamkeit von Haupt- und Nebenvalenzbindungen und insbesondere die Absättigung der kovalenten Bindungen zurückzuführen sind, be-

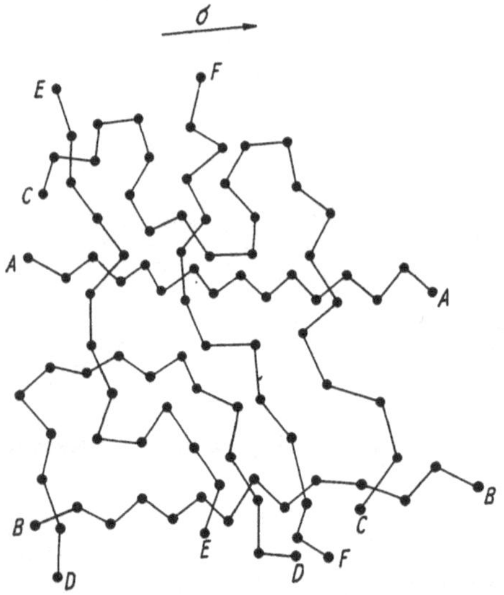

Abb. 8. [1] Molekülkettenverband.

wirken den erheblichen Unterschied im Bruchverhalten, z. B. von analogen Erscheinungen in Metallen und anorganischen Gläsern. Der Einfluß der Bindungsverhältnisse im Makromolekül spielt demnach eine entscheidende Rolle beim Bruchvorgang und Kraft-Dehnungsverhalten insofern, daß lineare Polymere eine geringere Festigkeit aufweisen als vernetzte Polymere. Die zwischen den linearen Ketten bestehenden sekundären Bindungen werden leichter überwunden als die in einem vernetzten Polymeren vorhandenen primären Bindungskräfte, wobei dies eine vereinfachte Darstellung ist, die in Wirklichkeit kompliziertere Zusammenhänge aufweist.

Im folgenden werden einige charakteristische Bruchbilder von Polymeren u. a. in Gegenüberstellung zu einem Glasbruch dargestellt.

Diese wenigen Bilder zeigen, daß die strukturbedingten Züge der Bruchflächen von Plasten, je nach dem Grad ihrer mechanischen Inhomogenität und Anisotropie, besonders vielfältig und uneinheitlich sind. Sie sind außerdem in sehr hohem Maße von der Vorbehandlung des makromolekularen Festkörpers abhängig.

2.5. Einfluß des Schubmoduls

Neben den bereits angeführten Zugspannungs-Dehnungsbeziehungen ist der Schubmodul als ein Maß für die Festigkeit, insbesondere Steifigkeit der Plastwerkstoffe zu beachten.

Bei den Thermoplasten begrenzt die Temperatur, bei der der Schubmodul unter einen von der Konstruktion her vorgeschriebenen Wert abfällt, den temperaturmäßigen Anwendungsbereich. Wird der Schubmodul im logarithmischen Maßstab aufgetragen (Abb. 13), so zeigt sich, daß amorphe Thermoplaste, Polyphenylenoxid (PPO), Polycarbonat (PC) ABS und Polyvinylchlo-

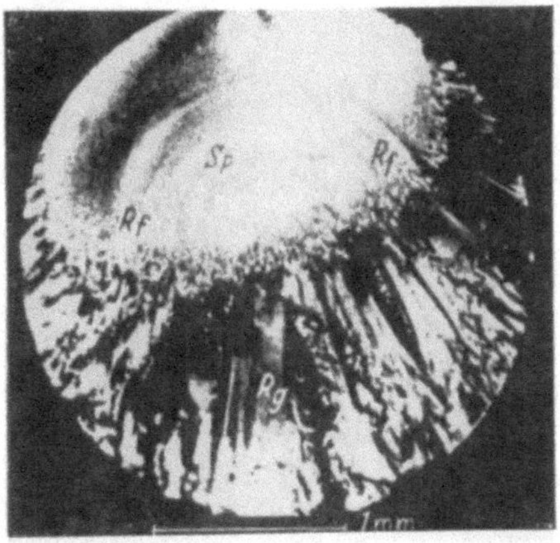

Abb. 9. [4] Zugbruchfläche eines runden Glasstabes (Aufsicht Hellfeld). Bruchursprung am oberen Rande: Sp = Spiegel; R_f = Gebiet feiner Rauhigkeit; R_g = Gebiet grober Rauhigkeit.

Abb. 10. [5] Bruchspiegel in der Nähe des primären Bruchzentrums eines Plexiglasstabes.

Abb. 11. [6] Elektronenmikroskopische Aufnahme der Bruchfläche eines Perlon-Stückes, Vergr. 1600fach.

Abb. 12. [4] Bruchbild eines Borfaser/Epoxidharz-Laminats, hergestellt unter ungünstigen Preßbedingungen. Vergr. 1600fach.

rid (PVC) eine relative Unabhängigkeit des Schubmoduls von der Temperatur aufweisen.

Bei partiell-kristallinen Polymeren, wie Polyoxymethylen (POM), Polyamid (PA), Polyäthylen (PE) und Polypropylen (PP) ist dagegen innerhalb des Gebrauchstemperaturbereiches bereits mit einer starken Temperaturabhängigkeit des Schubmoduls zu rechnen.

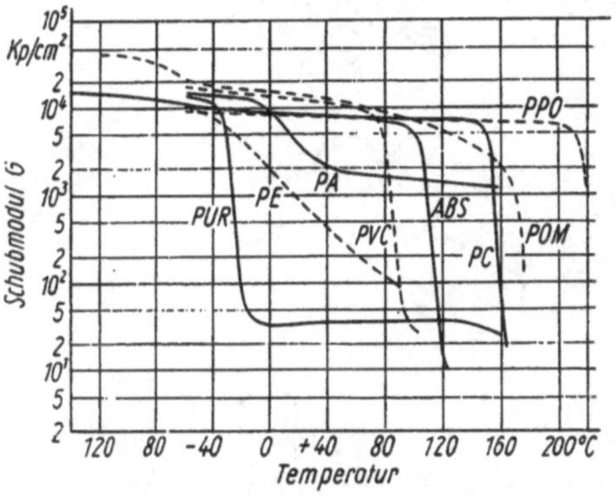

Abb. 13. [1] Schubmodul-Temperatur-Diagramm für verschiedene Kunststoffe. PPO = Polyphenylenoxyd; PVC = Polyvinylchlorid; PA = Polyamid; PC = Polycarbonat; POM = Polyoxymethylen; PE = Polyäthylen; ABS = Acrylnitril-Butatien-Styrol-Pfropfpolymerisat; PUR = Polyurethan.

2.6. Kristallinität

Aus dem Zusammenhang von Schubmodul, Temperatur und Kristallinität ist ersichtlich, daß die Kristallinität eine wesentliche Rolle für Plastwerkstoffe spielt, so daß an dieser Stelle dazu noch einige Bemerkungen gemacht werden sollten. Versuche haben gezeigt, daß aus Kettenmolekülen bestehende Stoffe keine brauchbare Festigkeit besitzen, wenn sie sich nicht in ein Gitter einfügen und die sich anziehenden Gruppen Gelegenheit haben, sich in die gegenseitigen Potentialmulden einzuordnen. Bekannt ist z. B. der Einfluß der Stereospezifität bzw. Taktizität eines Polymeren auf dessen Kristallinität. Infolge des regelmäßigen Aufbaues der isotaktischen und syndiotaktischen Polymeren (siehe Abb. 14) sind diese in der Regel besonders zur Kristallisation befähigt, während die ataktischen Polymeren im allgemeinen amorph bleiben.

Eine hohe Kristallinität kann u. a. durch stereospezifische Polymerisationsbedingungen, den Einbau von räumlichen bzw. großflächigen Strukturelementen, aber auch durch gezielte Verarbeitungsbedingungen erreicht werden.

So ist z. B. ein in eine kalte Form gespritztes Polyamid in den Außenzonen amorpher als ein in eine heiße Form gespritztes und langsam sich abkühlendes Material, in dem eine Ordnung der Moleküle möglich ist.

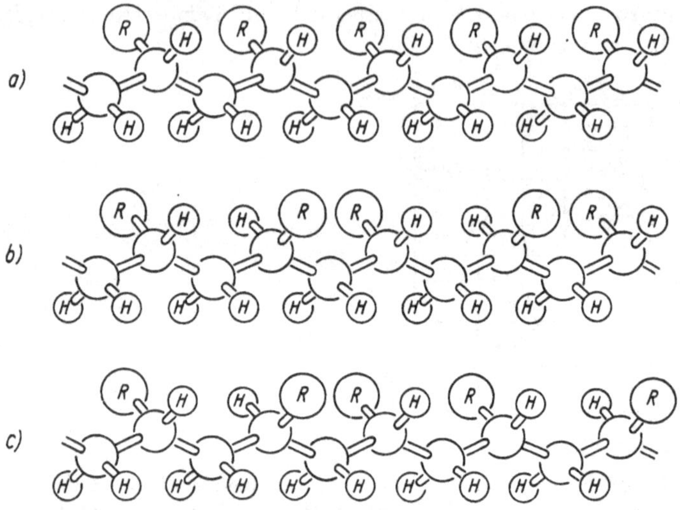

Abb. 14. [7] Taktizität von Polymeren
a) isotaktisch (einseitig regelmäßige Anordnung der Seitenketten im Raum),
b) syndiotaktisch (alternierend regelmäßige Anordnung der Seitenketten im Raum),
c) ataktisch (statistische Anordnung der Seitenketten im Raum).

3. *Schlußfolgerungen für die gezielte Erhöhung der konstruktiven Eigenschaften von Plasten*

Aus den bisherigen Darlegungen, die naturgemäß nur einige wesentliche Zusammenhänge der Polymeren für konstruktive Zwecke berücksichtigen konnten, ist ersichtlich geworden, daß
- Bindungsverhältnisse
- Ordnungszustand
- viskoelastisches Verhalten u. a.

einen entscheidenden Einfluß auf die Eigenschaften der Plastwerkstoffe ausüben. Im folgenden soll daher noch auf einige prinzipielle Möglichkeiten zur Erhöhung der konstruktiven Eigenschaften dieser Stoffe eingegangen werden. Dies erscheint insofern notwendig, da neue chemische Stoffklassen mit grundsätzlich neuen oder umwälzenden physikalischen Eigenschaften in den nächsten

Jahren kaum erwartet werden können. Auch in der weiteren Perspektive werden solche Produkte immer seltener gefunden werden. Es geht daher darum, die bekannten Polymeren in ihrem Aufbau zu verändern und z. B. mit sich selbst bzw. anderen Stoffen zu kombinieren und so geschaffene Plaste in weiteren Anwendungsbereichen zu verankern.

Die Ausführungen werden sich dabei auf 4 grundsätzliche Möglichkeiten beschränken, deren Reihenfolge keine Wichtung bedeuten soll.

1. Vernetzungsreaktionen
2. Beeinflussung des Ordnungszustandes
3. Veränderung des strukturellen Aufbaues
4. Herstellung von Verbunden im erweiterten Sinne.

Dabei wird insbesondere auf die Möglichkeiten eingegangen, die von besonderer volkswirtschaftlicher Bedeutung sind und dem Charakter einer interdisziplinären Forschung am weitesten Rechnung tragen.

3.1. Vernetzungsreaktionen

In diesem Zusammenhang sollen wiederum drei Prinzipien aufgeführt werden:

— Vernetzung durch übermolekulare Bindungen
— Vernetzung durch echte chemische (kovalente) Bindungen
— Vernetzung durch energiereiche Strahlen.

a) Die Vernetzung mittels übermolekularer Bindungen, z. B. durch Wasserstoffbrückenbindungen, durch gezielten Einbau von funktionellen Gruppen in Polyolefine (Abb. 15) läßt keinen spürbaren Erfolg erwarten, da die Festigkeiten dieser Bindungen relativ schwach sind und der stereospezifische Aufbau solcher Verbindungen, die paßfähig sind, äußerst schwierig, wenn nicht unmög-

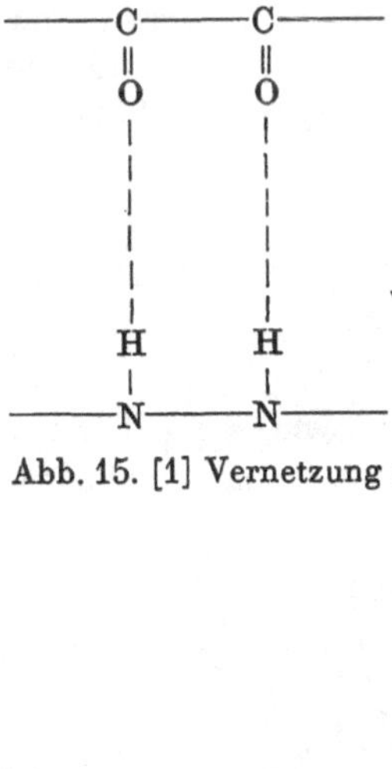

Abb. 15. [1] Vernetzung durch übermolekulare Bindungen.

lich ist, wenn man die Bindung nicht einem statistischen Zufall überlassen will.

b) Aussichtsreicher dagegen sind Arbeiten und Ergebnisse zur Herstellung echter vernetzter Produkte aus linearen Kettenpolymeren (keine Vernetzpolymeren durch Polykondensation), wie in Abb. 16 dargestellt. Hierbei lassen sich Strukturen aufbauen analog den Polyurethanen, die in die Gruppe der Konstruktionspolymeren eingeordnet werden können.

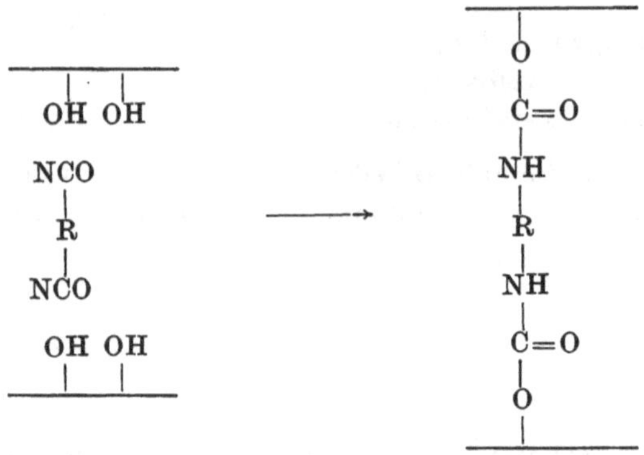

Abb. 16. [1] Vernetzung durch echte chemische (kovalente) Bindungen.

c) Die Behandlung von Polymeren mit energiereichen Strahlen zur Veränderung des strukturellen Aufbaues und damit der Eigenschaften hat technisch, aber auch wirtschaftlich, an Bedeutung gewonnen. Bevorzugte Anwendungsgebiete sind das Vernetzen von Polyäthylen (Rohre und Platten). Sofern mit der richtigen Dosis gearbeitet wird, können mechanische Festigkeit, Formbeständigkeit und Schlagzähigkeit wesentlich verbessert werden. Bei einer Überschreitung der optimalen Dosis kann der umgekehrte Effekt, nämlich ein Abbau erreicht werden. Die Eindringtiefe ist im Gegensatz zur peroxidischen Vernetzung begrenzt und beträgt zum Beispiel bei Generator-Strahlung nur 3,3 mm/MeV; Kobalt 60 dringt dagegen 432 mm/MeV ein. Erfolgversprechende Versuche zur Strahlenvernetzung sollen nach Literaturangaben bei Polypropylen, Polyisobuten und Polyvinylchlorid vorliegen.

3.2. Beeinflussung des Ordnungszustandes

Im Mittelpunkt dieser Arbeitsrichtung stehen die Versuche zur Erhöhung des kristallinen Anteiles der Polymeren. Dabei soll nur nochmals auf die bereits erwähnten Verfahren wie Steuerung der Abkühlungsgeschwindigkeit von Schmelzen und das Verstrecken von Synthesefasern und Folien hingewiesen werden.

Weiterhin können durch die Zugabe von Kristallisationskeimen, sogenannten Nukleierungsmitteln, Zahl und Feinstruktur der Sphärolithe im günstigen Sinne beeinflußt werden und zugleich die Kristallisationsgeschwindigkeit optimal im gewünschten Sinne angehoben werden.

Dies führt letztlich zu steiferen, härteren, zäheren und in der Wärme formbeständigeren Produkten, wie z. B. dem Polysulfon (Abb. 17). Die Nukleierung wird bereits seit längerer Zeit an Polyamiden und neuerdings auch an Polyolefinen durchgeführt.

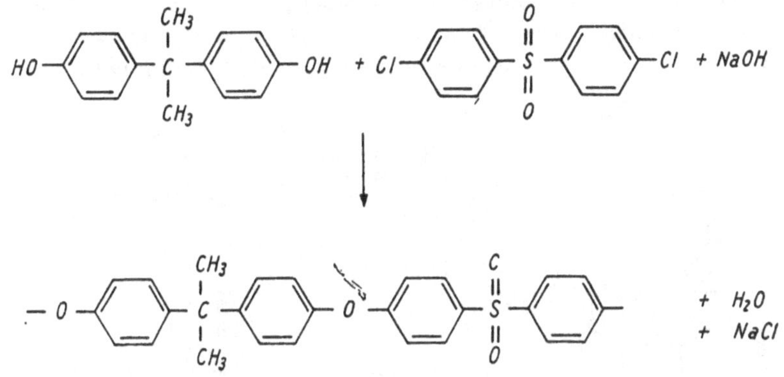

Abb. 17. [8] Schematische Darstellung von Polysulfon.

Zur Verstärkung von Polymeren eingesetzte anorganische Füllstoffe (sphärische Teilchen/Quarzmehl) bewirken in Polyolefinen zusätzlich einen solchen Nukleierungseffekt, in dem sich um das anorganische Teilchen kristalline Phasen bilden.

Durch Korngröße, Kornverteilung und Konzentration läßt sich daher die Kristallinität von gefüllten Polymeren und damit die mechanische Festigkeit zusätzlich neben dem Verstärkungseffekt anheben.

3.3. Veränderung des strukturellen Aufbaues

Neben den bekannten strukturellen Einflüssen wie Polymerisationsgrad und Polymerverteilung, Verzweigungen und Vernetzungen sowie dem Einbau heteropolarer Gruppen hat sich gezeigt, daß großflächige Strukturen (s. Abb. 18) nicht nur eine Erhöhung der Temperaturstabilität bewirken, sondern gleichermaßen die mechanischen Eigenschaften wesentlich verbessern.

Aromatische Verbindungen und Heterocyclen sowie metallorganische Strukturelemente bewirken eine sterische Hinderung in der Molekülkette und damit eine Erhöhung der Steifigkeit und Festigkeit des Plastwerkstoffes.

3.4. Herstellung von Verbundsystemen

Da diese Problematik Gegenstand eines gesonderten Akademie-Kolloquiums war, sollen an dieser Stelle nur noch wenige grundsätzliche Zusammenhänge der Vollständigkeit halber genannt werden.

Die Übertragung der mechanischen Eigenschaften der Füll- oder Verstärkungskomponenten auf das organische Matrixmaterial und die damit zusammenhängenden Grenzflächenprobleme, die an den schon klassischen glasfaserverstärkten Polyestern mehr oder weniger untersucht wurden, bilden den Schwerpunkt auf diesem Gebiet.

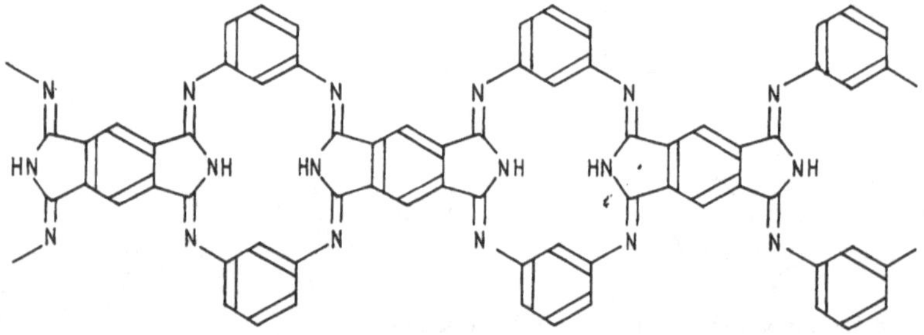

Abb. 18. [9] Großflächige Monomerstruktur.

Der Einsatz neuer hochfester Verstärkungsmaterialien, wie Kohlenstoff-Fasern, Feinstdrähten und Whiskern (Einkristallen) sowie neuer Matrixpolymerer, wird das Gebiet der Verbunde und damit der Plastwerkstoffe mit hohen konstruktiven Eigenschaften stark erweitern.

Von volkswirtschaftlichem Interesse sind darüber hinaus die sogenannten anorganisch-organischen Polymerkombinationen auf der Basis von Grund- und Massenpolymeren, wie Polyolefine, Polyamide und Copolymere (ABS) als Matrixmaterial und Quarzmehl, Kaolin, Talkum, Asbest und Kurzglasfasern als Einlagerungskomponenten. Bei diesen Kombinationen werden die konstruktiven Eigenschaften angehoben bei einem gleichzeitigen Einsatz von einheimischen Rohstoffen.

Abb. 20 zeigt in der Gegenüberstellung die wichtigsten mechanischen Eigenschaften von gefülltem und ungefülltem Polypropylen.

Abschließend kann festgestellt werden, daß gegenwärtig die Forschung aller industriell hochentwickelten Länder auf dem Gebiet der polymeren Werkstoffe auf die Schließung der Lücke in den Konstruktionspolymeren bzw. Polymeren mit konstruktiven Eigenschaften ausgerichtet ist, wobei die den organischen makromolekularen Verbindungen anhaftenden negativen Eigenschaften in bezug auf einen konstruktiven Einsatz wie Fließverhalten sowie ausgeprägte Temperatur- und Zeitabhängigkeit bei der Belastung am effektivsten durch die Wandlung zu Verbundsystemen beseitigt bzw. aufgehoben werden.

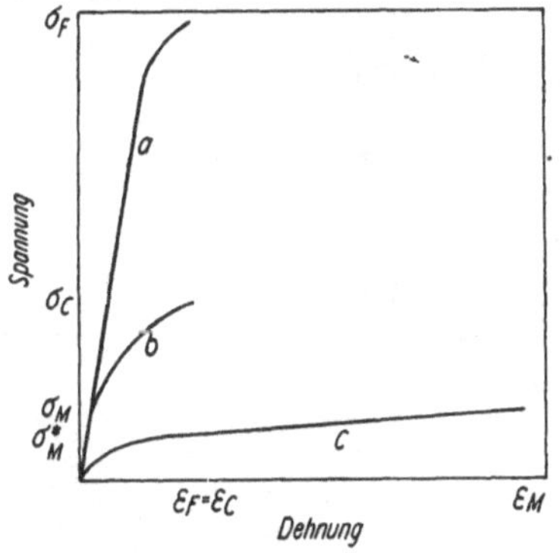

Abb. 19. [1] Schematische Spannungs-Dehnungs-Diagramme
a = Keramische Faser,
b = Verbundwerkstoff,
c = Matrix.

Art / Menge (G-%)	Füllstoffzusatz: ohne 0	Asbest 40	Talkum 40	Wollastonit 40	Kuraglasfaser 30
Zugfestigkeit [kp/cm²]	330	300	290	245	460
E-Modul [kp/cm²]	$12 \cdot 10^3$	$42 \cdot 10^3$	$37 \cdot 10^3$	$31 \cdot 10^3$	$56 \cdot 10^3$
Kerbschlagzähigkeit (nach ASTM) [ftlb/ in]	0,95	0,56	0,56	0,73	2,3
Wärme-F.B. (n. ASTM) [°C]	99	140	135	135	122
Dielektrischer Verlustfaktor [$\tan\delta \cdot 10^4$]	2,5	25	70	9	–
DAW ZOC/MV	AOPK – Verbundeigenschaften Matrix: Polypropylen				1

Abb. 20. [1] Anorganisch-organische Polymerkombination mit Polypropylen als Matrix (Verbundeigenschaften).

Literatur

HOLZMÜLLER, W., und K. ALTENBURG: Physik der Kunststoffe. Akademie-Verlag, Berlin (1961).
SCHULZ, G.: Die Kunststoffe. Carl Hauser Verlag, München (1959), S. 420.
Kunststoff-Rundschau 8 (1961), S. 217.
DOMMINGHAUS, H.: Industrieanzeiger **93** (1971) 72, S. 1831.
PACKHAM, D. J.: British Polym. Journal, November 1970, S. 280 bis 287.

[1] Zentralinstitut für organische Chemie der Akademie der Wissenschaften der DDR, Bereich Makromolekulare Verbindungen.
[2] Die Kunststoffe, Carl Hauser Verlag, München 1959, S. 420.
[3] Kunststoff-Rundschau, 8 (1961), S. 217.
[4] J. LEEUWERIK und A. BURGERS, Central Laboratorium T. N. O., Delft.
[5] SCHWARZL und STAVERMANN.
[6] STUART und KAHLE, Labor der Zeiss Werke, Oberkochen.
[7] Physik der Kunststoffe, Akademie Verlag, Berlin 1961, S. 54.
[8] Hochtemperaturbeständige Kunststoffe, Carl Hauser Verlag, München 1969, S. 58.
[9] British Polymer Journal, November 1970, S. 282.

H. Blumenauer

Grundlagen und Anwendungsgebiete der Bruchmechanik

1. Einführung

Eine wichtige Voraussetzung für den ökonomischen Einsatz von Konstruktionswerkstoffen ist die vollständige Ausnutzung ihrer Festigkeitseigenschaften. Dazu ist es jedoch erforderlich, die in den Dimensionierungsberechnungen verwendeten zulässigen Spannungen auf der Basis solcher Werkstoff-Kenngrößen festzulegen, die das Verhalten eines Bauteiles unter Betriebsbedingungen richtig wiedergeben und mit Sicherheit das Auftreten von Schadensfällen verhindern.

Daß trotz aller bisher unternommenen Anstrengungen zur Verbesserung der Aussagefähigkeit bei der Werkstoff- und Bauteilprüfung der gegenwärtige Zustand keineswegs befriedigen kann, zeigen die in der Praxis immer wieder auftretenden Brucherscheinungen, die meist mit der Zerstörung erheblicher Sachwerte, mit Produktionsausfällen und nicht selten mit der Gefährdung von Menschenleben verbunden sind.

Eine wesentliche Ursache dafür liegt darin, daß die zur Festlegung der zulässigen Spannungswerte benutzten Festigkeitskenngrößen — in Abhängigkeit von der vorliegenden Belastungsart werden meist die Streckgrenze, Zugfestigkeit, Dauerfestigkeit oder Zeitstandfestigkeit gewählt — keine hinreichende Aussage über das Auftreten bzw. das Vermeiden von Brüchen gestatten. In Abhängigkeit von den vorliegenden Beanspruchungsbedingungen, der Bauteilform, den Umgebungseinflüssen und der Werkstoffstruktur kann die zur Auslösung eines Bruches erforderliche Nennspannung oberhalb bzw. unterhalb dieser Festigkeitskenngrößen liegen (Abb. 1).

Nachdem sich herausgestellt hatte, daß die herkömmlichen mechanischen Kenngrößen und Prüfverfahren nicht zu praxisnahen Bruchkriterien führen können, wurde in den 50er Jahren ein völlig neuartiges Prüf- und Dimensionierungsprinzip, die linear-elastische Bruchmechanik (*LEBM*) entwickelt. Dieses Prinzip, das als Grenzgebiet zwischen Festkörpermechanik und Werkstoffwissenschaft anzusehen ist, hat in den letzten Jahren rasch an Bedeutung gewonnen und bereits zu einer wesentlichen Verbesserung der Bruchsicherheit von hochbeanspruchten Bauteilen aus metallischen, nichtmetallischen sowie Verbundwerkstoffen geführt.

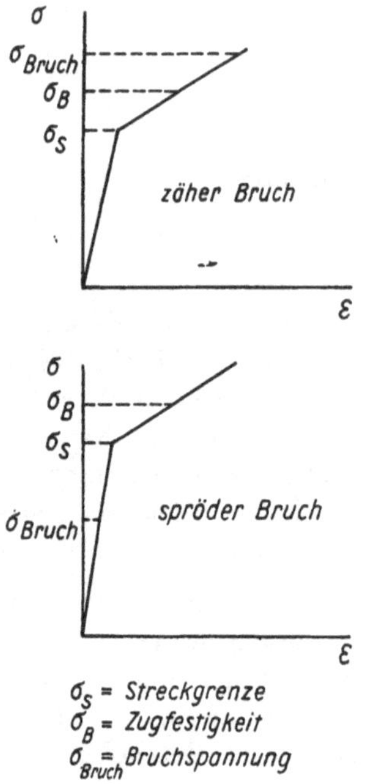

Abb. 1. Vergleich der Bruchspannung zu den statischen Festigkeitsgrößen σ_S und σ_B.

2. Grundlagen der Bruchmechanik

Die Bruchmechanik geht von der Tatsache aus, daß jedes Bauteil konstruktiv oder fertigungstechnisch bedingte Spannungskonzentrationsstellen, vorwiegend in Form von Kerben oder Rissen, enthält. Selbst wo dies nicht der Fall ist, können während des Betriebes durch Ermüdung oder Korrosion Anrisse entstehen. Auch Materialhomogenitäten wie z. B. Mikrolunker, Seigerungen, örtliche Gefügeunterschiede und dgl. müssen in diesem Zusammenhang als „metallurgische Kerben" betrachtet werden. Die Vergrößerung dieser unvermeidbaren Fehler zu einem makroskopischen Riß ist die entscheidende Ursache für das Eintreten eines Bruches.

Das Ziel der Bruchmechanik besteht nun darin, Kenngrößen zu ermitteln, die eine quantitative Angabe der Widerstandsfähigkeit eines Werkstoffes gegenüber der Ausbreitung von Rissen unter Betriebsbedingungen gestatten und damit zur bruchsicheren Dimensionierung benutzt werden können. Dazu war es erforderlich, die kontinuumsmäßige Betrachtungsweise der Elastizitäts- und Plastizitätsmechanik (speziell der Kerbspannungslehre) mit den Erkenntnissen über die mikrostrukturellen Vorgänge der Rißbildung und Rißausbreitung zu verbinden. Von den verschiedenen Ausgangspunkten der Bruchmechanik soll hier nur auf die Betrachtungsweise von Irwin eingegangen werden. Hiernach hängen die örtlichen Spannungen, die in der unmittelbaren Nähe eines Anrisses auftreten, von dem Produkt aus der Nennspannung σ und der Quadratwurzel der Länge l des Risses ab. Zur Beschreibung dieses grundsätzlichen Zusammenhanges führte Irwin den sog. Spannungsintensitätsfaktor K ein. Der Spannungsintensitätsfaktor ist für einen scharfen Riß in einem unendlich breiten Blech definiert durch die Beziehung

$$K = \sigma \cdot \sqrt{\pi \cdot l}\,[\mathrm{kpmm}^{-3/2}] \tag{1}$$

Für Bauteile endlicher Abmessungen ist noch ein Geometriefaktor $f\left(\frac{l}{d}\right)$ zu berücksichtigen, wobei d die Proben- bzw. Bauteildicke darstellt.

Die instabile Ausbreitung eines Risses tritt dann ein, wenn der Spannungsintensitätsfaktor einen kritischen Wert

$$K_c = \sigma_{\mathrm{Bruch}} \sqrt{\pi \cdot l_{\mathrm{krit.}}}\,[\mathrm{kpmm}^{-3/2}] \tag{2}$$

erreicht.

K_c ist eine Werkstoffkenngröße, die sog. Bruchzähigkeit. Für den Fall des ebenen Verformungszustandes und die am häufigsten auftretende Bruchart I (Auseinanderklaffen der Rißflächen) wird die Bruchzähigkeit mit K_{Ic} bezeichnet. Es ist besonders hervorzuheben, daß die K_c- bzw. K_{Ic}-Werte nur von grundlegenden werkstoffphysikalischen Größen, nämlich den elastischen Konstanten und der Oberflächenenergie, abhängen und somit den eindeutigen Zusammenhang mit den das Bruchverhalten bestimmenden mikrostrukturellen Vorgängen gewährleisten.

Zur Ermittlung der Bruchzähigkeit wurden spezielle Prüfverfahren und Probenformen entwickelt. Abb. 2 zeigt eine gekerbte Biegeprobe, die einen zusätzlichen scharfen Ermüdungsriß enthält. Die für diese Probe zu wählenden Abmessungen werden in Abhängigkeit von dem Verhältnis Streckgrenze : Elastizitätsmodul des zu prüfenden Werkstoffes festgelegt. Gemessen wird die Veränderung der Ausgangsrißlänge l mit kontinuierlich steigender Belastung F. Aus der beim Bruch wirkenden Spannung und der kritischen Rißlänge läßt sich nach Gl. (2) die Bruchzähigkeit berechnen.

Die Rißlänge bei Beginn der instabilen Ausbreitung kann auf verschiedene Weise ermittelt werden. Abb. 3 zeigt eine Versuchsanordnung, bei der die

Kerbaufweitung mit Dehnungsmeßgeräten verfolgt wird. Neben dieser indirekten Methode ist auch eine unmittelbare optische Beobachtung der Rißfront auf der Probenoberfläche sowie die Anwendung ultraakustischer bzw. elektromagnetischer Verfahren der Rißtiefenmessung möglich.

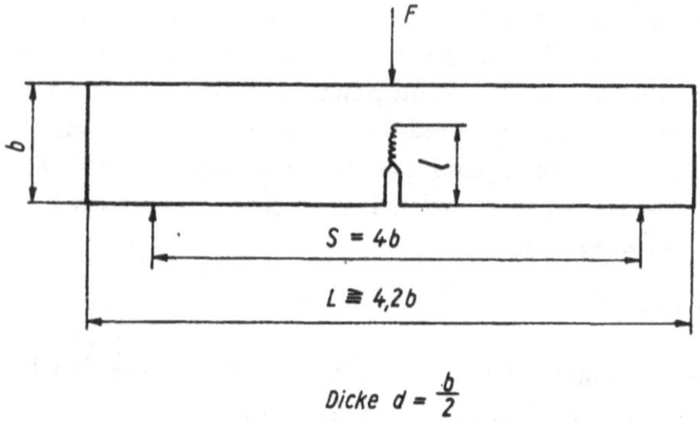

Abb. 2. Probenform für die Ermittlung der Bruchzähigkeit.

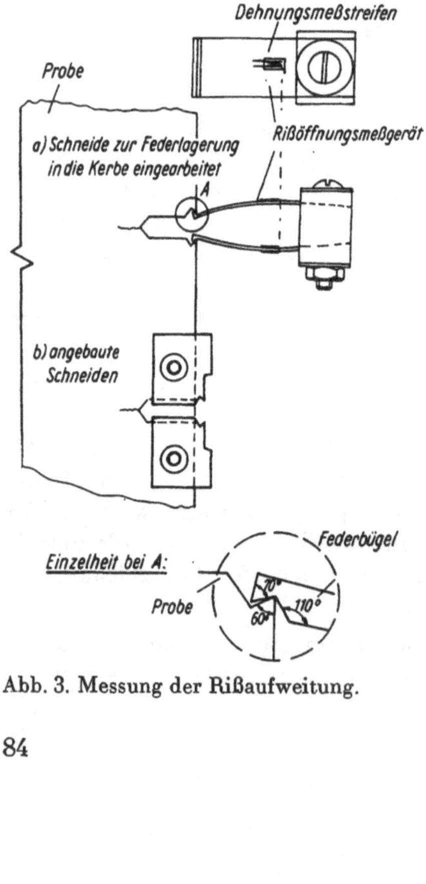

Abb. 3. Messung der Rißaufweitung.

3. *Anwendungsgebiete der Bruchmechanik*

Zunächst soll gezeigt werden, wie die Bruchmechanik zur quantitativen Erfassung von Brucherscheinungen herangezogen werden kann.

3.1. Sprödbruch

Eine der gefürchtetsten Brucherscheinungen ist der sich ohne Anzeichen einer plastischen Verformung ausbreitende Sprödbruch. Das Auftreten von Sprödbrüchen wird begünstigt durch mehrachsige Spannungszustände (bedingt durch Kerben oder komplexe Eigenspannungen), tiefe Betriebstemperaturen, hohe Verformungsgeschwindigkeiten, spezielle Umgebungsbedingungen (Neutronenbestrahlung, Wasserstoffversprödung, Flüssig-Metall-Versprödung) sowie durch einen ungünstigen Werkstoffzustand (chemische Zusammensetzung, Korngröße, Alterung). Die Sprödbruchneigung ist bei Stählen und Nichteisenmetallen höherer Festigkeit sowie bei Gläsern und keramischen Werkstoffen besonders ausgeprägt. In diesen Fällen genügen schon sehr kleine Werkstoff-Fehler (z. B. feine Schweißrisse), um ein instabiles Rißwachstum einzuleiten.

Trotz vielfältiger früherer Versuche war es erst mit der Einführung der Bruchmechanik möglich, ein den praktischen Bedingungen angepaßtes Versagenskriterium aufzustellen und die Abhängigkeit des Sprödbruchverhaltens von den verschiedenen Einflußfaktoren quantitativ zu bestimmen. Damit ist die Bruchzähigkeit zu einer wichtigen Werkstoffkenngröße für sprödbruchgefährdete Bauteile geworden, z. B. für

- Druckbehälter, speziell bei großen Wanddicken und tiefen Temperaturen
- Motor- und Getriebegehäuse
- Rotoren von Turbinen und Generatoren
- Rohrleitungen
- Schweiß- und Klebeverbindungen an metallischen und nichtmetallischen Werkstoffen.

In Abb. 4 ist die Änderung der K_{Ic}-Werte mit der Temperatur im Vergleich zur $\sigma_{0,2}$-Grenze für einen Druckbehälterstahl dargestellt.

Daneben kann die Bruchmechanik zur Charakterisierung spröder Werkstoffe wie z. B. Gußeisen, oberflächengehärtete Stähle, Sinterhartmetalle und oxidkeramische Werkstoffe herangezogen werden. Mit gutem Erfolg wurde sie auch bei Hochpolymeren und Verbundwerkstoffen angewandt.

Für die Entwicklung von Werkstoffen mit verbesserten Zähigkeitseigenschaften ist die Bruchzähigkeit zum bestimmenden Kriterium geworden. Abb. 5 zeigt den einer sowjetischen Arbeit entnommenen Einfluß verschiedener Legierungselemente auf die Bruchzähigkeit von Stahl.

Allerdings darf eine grundsätzliche Einschränkung im Hinblick auf die Anwendung der *LEBM* nicht unerwähnt bleiben. Die Beziehungen (1) und (2) haben nur Gültigkeit für eine Rißausbreitung unter elastischen Bedingungen.

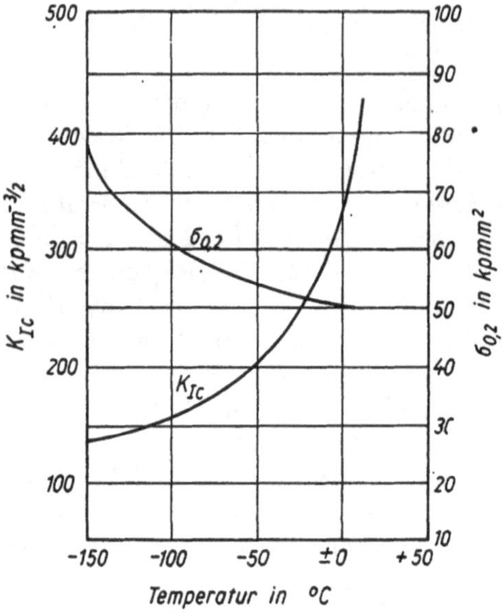

Abb. 4. Abhängigkeit der Bruchzähigkeit von der Temperatur für Druckbehälterstahl.

In den meisten technischen Werkstoffen, besonders den Stählen mit niedriger und mittlerer Festigkeit, ist die Entstehung eines makroskopischen Sprödbruches aber erst nach merklicher plastischer Verformung in der Umgebung der Rißspitze, der sog. plastischen Zone, möglich. Die *LEBM* setzt nun voraus, daß die Ausdehnung der plastischen Zone klein bleibt gegenüber dem elastisch verformten Volumen; anderenfalls ist eine Anwendung dieser Methode nicht möglich.

Gegenwärtig werden große Anstrengungen gemacht, um die Bruchmechanik auch auf das elastisch-plastische Bruchverhalten zu übertragen, d. h. die *LEBM* zu einer Fließbruchmechanik für zähe Werkstoffe zu erweitern. Besonders erfolgversprechend erscheint dabei die 1963 von Wells eingeführte Methode der kritischen Rißöffnungsverschiebung (*COD*-Methode). Hierbei wird davon ausgegangen, daß sich ein Bruch in einer elastisch-plastischen Umgebung erst dann ausbreitet, wenn eine kritische Rißöffnungsverschiebung δ erreicht ist. Diese Rißöffnungsverschiebung, die nach dem in Abb. 3 dargestellten Verfahren ermittelt werden kann, ist ebenfalls eine Zähigkeitskenngröße mit realem physikalischem Hintergrund. In Abb. 6 ist die Temperaturabhängigkeit dieser Größe zusammen mit der allgemein bekannten Kerbschlagzähigkeit für den Stahl St 45/60 aufgetragen.

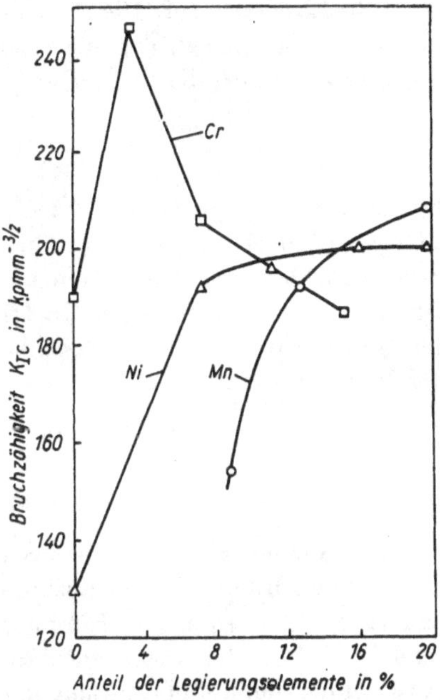

Abb. 5. Abhängigkeit der Bruchzähigkeit von verschiedenen Legierungselementen in einem hochlegierten Stahl.

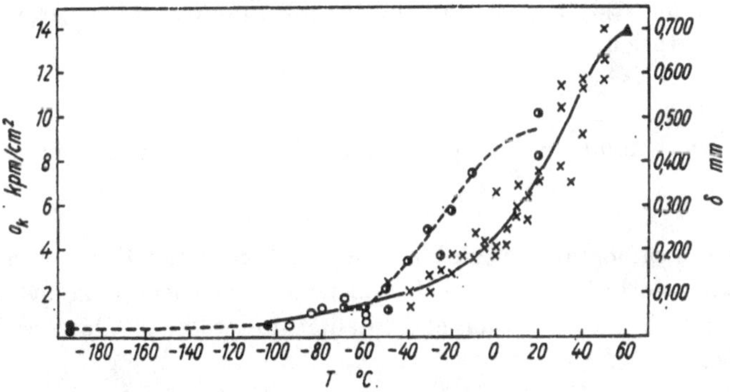

Abb. 6. Temperaturabhängigkeit der Rißöffnungsverschiebung δ und der Kerbschlagzähigkeit a_k für den Stahl St 45/60.
(gestrichelte Kurve δ-T-Kurve)

3.2. Ermüdungsbruch

Besonders bei dynamisch beanspruchten Maschinenteilen tritt häufig ein Ermüdungsbruch infolge einer allmählichen Rißausbreitung auf. Die Anwendung der Bruchmechanik auf diesen Bruchvorgang hat gezeigt, daß für viele Werkstoffe der Rißfortschritt pro Lastspiel gegeben ist durch die Beziehung

$$\frac{dl}{dN} = C \cdot (\Delta K)^m \tag{3}$$

Dabei wird entsprechend der ständig wechselnden Spannungsamplitude an der Rißspitze ein zeitlich veränderlicher Spannungsintensitätsfaktor ΔK eingeführt. C und m sind Konstanten, die vom Werkstoff bzw. den Umgebungsbedingungen abhängen und empirisch bestimmt werden müssen. Mit Hilfe der Gl. (3) ist es möglich, exakte Voraussagen über den Rißfortschritt und damit über die Lebensdauer eines schwingend beanspruchten Bauteiles zu machen.

3.3. Spannungsrißkorrosion

Die kombinierte Einwirkung von mechanischen Spannungen und korrosiven Medien führt ebenfalls zu einem allmählichen Rißwachstum. Da die Ausbreitung dieser Korrosionsrisse von den Spannungsverhältnissen an der Rißspitze abhängt, ist auch in diesem Fall die Anwendung der Bruchmechanik möglich. Für das Einsetzen einer langsamen Rißausbreitung infolge der Spannungsrißkorrosion wird ein kritischer Spannungsintensitätsfaktor K_{Iscc} zugrunde gelegt, der kleiner ist als der K_{Ic}-Wert des Werkstoffes in neutraler Umgebung (Abb. 7). Das Verhältnis K_{Iscc}/K_{Ic} ist ein Maß für die Empfindlichkeit gegenüber Spannungsrißkorrosion.

4. Die Rolle der Bruchmechanik bei der Qualitätsüberwachung und Bauteildimensionierung

Die Bruchmechanik ermöglicht neben einer physikalisch sinnvollen Bewertung der Werkstoffeigenschaften eine den Einsatzbedingungen eines Bauteiles zweckmäßig angepaßte Dimensionierung und Qualitätsüberwachung. Dazu sind folgende Wege möglich:

1. Bei Kenntnis der äußeren Beanspruchung und der Bruchzähigkeit des verwendeten Werkstoffes wird eine zulässige Rißlänge l_{zul} festgelegt, bei der noch kein Rißwachstum eintritt. Dabei ist durch zerstörungsfreie Prüfverfahren

zu kontrollieren, daß diese zulässige Rißlänge während der Fertigung sowie im späteren Betrieb nicht überschritten wird.

2. Bei Annahme einer kleinsten, durch zerstörungsfreie Prüfverfahren noch feststellbaren Rißlänge erfolgte eine Festlegung der zulässigen Spannung für einen Werkstoff mit bekannter Bruchzähigkeit:

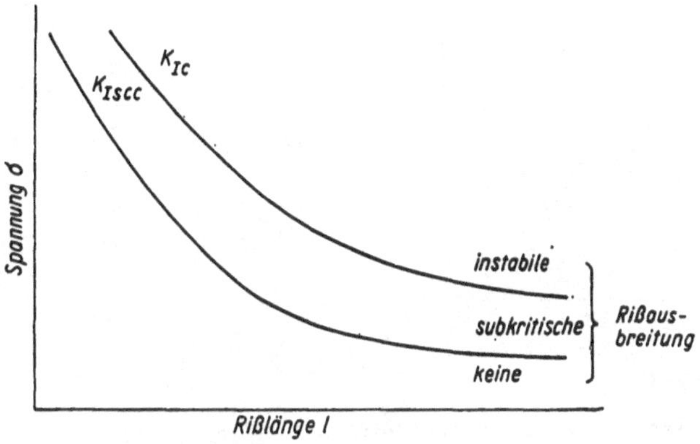

Abb. 7. Zusammenhang zwischen Spannung und Rißlänge für K_{Ic}- Bedingungen

$$\sigma_{zul} \leqq \frac{K_{Ic}}{\sqrt{\pi \cdot l_{zul}}} \ [kpmm^{-2}] \tag{4}$$

Dabei kann bei längeren Betriebszeiten eine Abminderung von σ_{zul} vorgenommen werden, wenn durch Versprödungseffekte die Bruchzähigkeit des Werkstoffes verändert wird bzw. die Rißlänge durch Ermüdung oder Korrosion anwächst.

3. Gezielte Werkstoffauswahl an Hand der Bruchzähigkeit unter der Voraussetzung, daß die äußere Beanspruchung und die vorhandene Rißlänge bekannt sind. Dabei ist die Möglichkeit eines allmählichen Rißwachstums bei konstant bleibender Spannung einzuschließen.

Es soll hervorgehoben werden, daß mit dieser Verfahrensweise die herkömmlichen Berechnungsmethoden der Festkörpermechanik nicht überflüssig werden. Vielmehr sollte man die Anwendung der Bruchmechanik als eine zusätzliche Möglichkeit zur Nachrechnung eines Bauteiles im Hinblick auf seine Bruchsicherheit bzw. Lebensdauergrenze ansehen. Auch wichtige technologische Fragen, wie z. B. eine Entscheidung über die Notwendigkeit der Ausbesserung vorhandener Werkstoff-Fehler, lassen sich mit den Ansätzen der Bruchmechanik objektivieren. Die angeführten Möglichkeiten lassen erkennen, daß die zerstörungsfreie Werkstoffprüfung im Rahmen der Bruchmechanik eine große Bedeutung erhält und auf diese Weise fest in die Qualitätssicherung integriert werden kann.

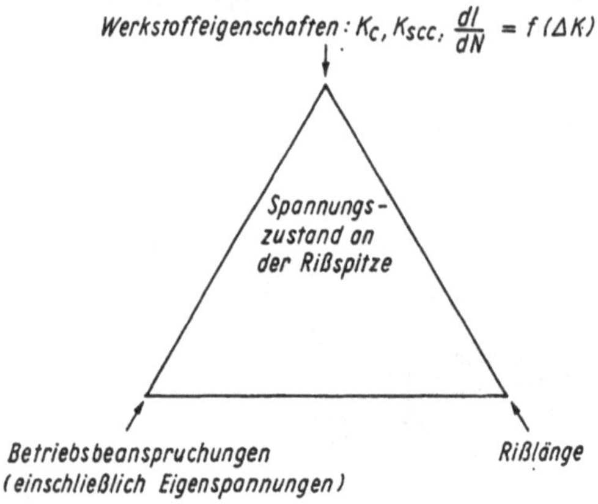

Abb. 8. Grundsätzliche Zusammenhänge der Bruchmechanik.

In Abb. 8 sind nochmals die grundsätzlichen Zusammenhänge der Bruchmechanik schematisch dargestellt. Von den drei Eckgrößen sind jeweils zwei erforderlich, um die dritte über die entsprechenden Bestimmungsgleichungen zu berechnen. Damit werden die Perspektiven für eine enge Verbindung von Berechnung, Konstruktion, Technologie und Kontrolle auf der Grundlage neuer werkstoffphysikalischer Erkenntnisse sichtbar.

5. Schlußfolgerungen für weitere Arbeiten

Ohne die Bedeutung der Bruchmechnaik zu überschätzen, kann angenommen werden, daß sich die Bruchzähigkeit für viele Werkstoffe und Einsatzbedingungen zur wichtigsten Werkstoffkenngröße entwickeln wird. Aufbauend auf den bisherigen Erfahrungen, die vor allem auch in der Sowjetunion und anderen sozialistischen Ländern, wie z. B. der ČSSR, gewonnen wurden, scheinen folgende Maßnahmen erforderlich zu sein:

— Durchführung von Untersuchungen über den Zusammenhang zwischen Werkstoffstruktur und Bruchzähigkeit an einer breiten Palette metallischer und nichtmetallischer Werkstoffe auf der Basis der mikrostrukturellen Vorgänge der Rißbildung und Rißausbreitung,

— Erarbeitung von Standards zur Ermittlung der Bruchzähigkeit und Schaffung der prüftechnischen Voraussetzungen,
— Aufnahme der Bruchzähigkeitswerte in die Werkstoffstandards und Berücksichtigung bei der Werkstoffauswahl, speziell bei sprödbruchgefährdeten Bauteilen,
— Entwicklung und Erprobung von Dimensionierungsmethoden unter Einbeziehung der Bruchmechanik als Ergänzung zu den gegenwärtig üblichen Berechnungsmethoden der Festkörpermechanik,
— Einbeziehung der Bruchmechanik in die Maßnahmen zur betrieblichen Qualitätssicherung und Qualitätsüberwachung.

Es erscheint sicher, daß dadurch ein wesentlicher Beitrag im Hinblick auf die Erhöhung der Bauteilsicherheit und -zuverlässigkeit sowie zur Verbesserung des ökonomischen Werkstoffeinsatzes geleistet werden kann.

H. Göldner

Berechnungsmethoden in der Festkörpermechanik

1. Einleitung

Die Festkörpermechanik befaßt sich mit theoretischen und experimentellen Untersuchungen des Verhaltens fester Körper mit dem Ziel, zuverlässige Methoden zur Vorausberechnung der Haltbarkeit und Verformung technischer Konstruktionen zur Verfügung zu stellen und das Wissensgebiet weiter zu entwickeln. Eine technische Konstruktion ist ein geometrisch oft kompliziertes Gebilde, welches mechanisch oder thermisch durch konstante oder zeitlich veränderliche Belastungen beansprucht wird. Die Berechnung der Spannungen und Verformungen erfolgt an einem Ersatzmodell, und es ist wichtig, die tatsächliche Konstruktion gut abzubilden. Eine bessere Abbildung wird stets erreicht, wenn von vornherein berechnungsgerecht (fertigungsgerecht, montagegerecht, werkstoffgerecht) konstruiert wird. Das Ersatzsystem setzt sich aus den Grundelementen Stab, Scheibe und Schale zusammen. Die eingeprägten Belastungen müssen bekannt sein. Der Berechnung wird meist ein homogener isotroper Werkstoff zugrunde gelegt, doch ist auch ein Modell aus inhomogenem anisotropem (meist orthotropem) Werkstoff berechenbar.

Dem Anliegen dieser Veranstaltung entsprechend, sollen die Berechnungsmethoden zunächst nach dem Stoffgesetz gegliedert werden in Elastizitätstheorie — Plastizitätstheorie — Viskoelastizitätstheorie, und anschließend folgen einige Bemerkungen zur Temperaturbelastung sowie zur statistischen Mechanik.

2. Elastizitätstheorie

Die klassische (lineare) Elastizitätstheorie entwickelte sich bereits im vorigen Jahrhundert. Voraussetzungen:
— Gleichgewicht wird am unverformten Bauteil aufgestellt
— auftretende Verformungen sind klein

- Spannungstensor ist symmetrisch
- zwischen Spannungen und Dehnungen gilt ein linearer Zusammenhang (HOOKEsches Gesetz).

Für unsere Betrachtungen ist die letzte Annahme wichtig. Im Spannungs-Dehnungsdiagramm wird eine Spannung (oder Dehnung) nur zugelassen, solange der Prozeß reversibel bleibt (Abb. 1).

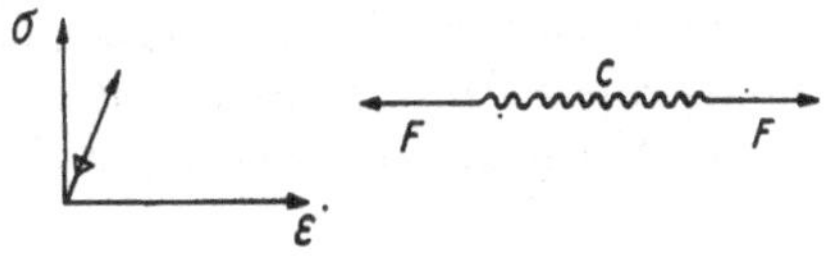

Abb. 1.

Wegen der linearen Zuordnung können wir schreiben

$$d_{kl} = \alpha_{klpq} \tau_{pq} \tag{1}$$

und für isotropes Material reduzieren sich die 21 Materialwerte α_{klpq} auf zwei, so daß folgt

$$d_{kl} = \frac{1}{E} \left[\tau_{kl} (1 + \nu) - \delta_{kl} \nu \, s \right] \tag{2}$$

Drei Gleichgewichtsbedingungen, sechs Verschiebungs-Verzerrungsbedingungen und sechs Spannungs-Dehnungsbeziehungen stehen zur Bestimmung der sechs Spannungen, drei Verschiebungen und sechs Verzerrungen zur Verfügung. Drückt man alle Unbekannten durch die Verschiebungen aus, so erhält man in kartesischen Koordinaten ($k = x, y, z$) die drei elastischen Grundgleichungen

$$\Delta v_k + \frac{1}{1 - 2v} (\mathrm{div} \vec{v})_{,k} + \frac{F_k}{G} = 0 \tag{3}$$

Geschlossene Lösungen für das räumliche Problem existieren nur für Sonderfälle. Ebene Probleme lassen sich analytisch und numerisch behandeln. Numerische Probleme treten immer mehr in den Vordergrund. Mit der Methode der finiten Elemente lassen sich auch komplizierte Berandungen erfassen, doch erhält man Gleichungssysteme, die oft an die Grenze der Speicherkapazität der Rechenanlagen herankommen. Zur Berechnung von rotationssymmetrischen Flächentragwerken mit beliebiger Belastung stehen ausgezeichnete Rechenprogramme zur Verfügung.

Erweiterungen der Elastizitätstheorie für große Verformungen und nichtlineares Stoffgesetz komplizieren die Rechnung beträchtlich, doch liegen auch hier bereits numerische Ergebnisse vor. Gewisse Widersprüche zwischen der

Kontinuumsmechanik und der Festkörperphysik haben in den letzten zehn Jahren zu Diskussionen des sogenannten Cosserat-Kontinuums geführt. Hierbei werden einem Körperpunkt Verschiebungen und Drehungen zugeordnet, der Begriff der Momentenspannung wird eingeführt und das Gesetz von der Gleichheit zugeordneter Schubspannungen gilt nicht mehr, so daß der Spannungstensor unsymmetrisch wird. Außer den beiden Stoffkonstanten E und ν treten vier weitere auf, die aber schwer bestimmbar sind [1], so daß eine Einführung der Methoden in die Praxis zur Zeit noch nicht möglich ist. NEUBER [2] zeigt, daß bei Kerben die Spannungskonzentration gegenüber der klassischen Theorie abgebaut wird. Die Theorie steckt im gewissen Sinne die Grenzen der Kontinuumsmechanik ab.

Die nach der Elastizitätstheorie berechneten Spannungen werden mit einer einachsigen Vergleichsspannung durch die Festigkeitshypothesen in Beziehung gebracht. Am häufigsten wird die Hypothese der maximalen Gestaltänderungsarbeit verwendet (HUBER-HENCKY)

$$2\sigma_v^2 = (\sigma_1 - \sigma_2)^2 + (\sigma_2 - \sigma_3)^2 + (\sigma_3 - \sigma_1)^2 \qquad (4)$$

Diese Spannung wird mit einem „Sicherheitsfaktor" gegenüber der determinierten Bruchspannung oder Fließspannung oder einer bestimmten Grenz-Dehnspannung abgesichert.

Mit den einleitend getroffenen Annahmen stellt die Elastizitätstheorie eine in sich abgeschlossene Theorie dar, und es lassen sich damit rechnerische Maximalspannungen angeben. Das Tragverhalten einer Konstruktion ist mit dieser Theorie aber noch keineswegs voll erfaßbar. Bei ungleichmäßiger Spannungsverteilung, bei geometrischen Unstetigkeiten sowie bei Einzelkrafteinleitungen treten nur in kleinen Gebieten große Spannungen auf. Benachbarte Bereiche sind noch unterfordert, sie können aber zum Tragen mit herangezogen werden, falls der Werkstoff unter den gegebenen Bedingungen fließfähig ist.

3. Plastizitätstheorie

Während nach den Methoden der Elastizitätstheorie kein Gebiet des Konstruktionsteils die Fließgrenze erreichen darf, nutzt die Plastizitätstheorie, einem Gedanken von TRESCA folgend, die Fließspannung aus und erschließt damit bei ungleichmäßiger Spannungsverteilung über dem Querschnitt Tragreserven.

Das elastisch-plastische Verhalten kann aus einem Feder-Reibpaarungsmodell (Abb. 2) in einem Spannungs-Dehnungsdiagramm idealisiert dargestellt werden (Abb. 3).

Im Falle a spricht man von einem ideal-elastisch-plastischen Verhalten, die Fälle b und c berücksichtigen lineare bzw. nichtlineare Verfestigung. Im Falle a besteht zwischen σ und ε oberhalb der Fließgrenze keine eindeutige Zuordnung, in den Fällen b und c gibt es einen Zusammenhang.

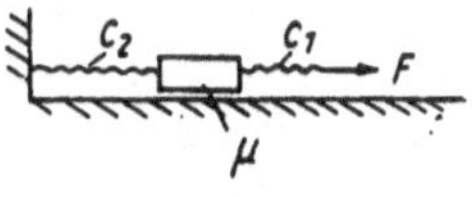

Abb. 2.

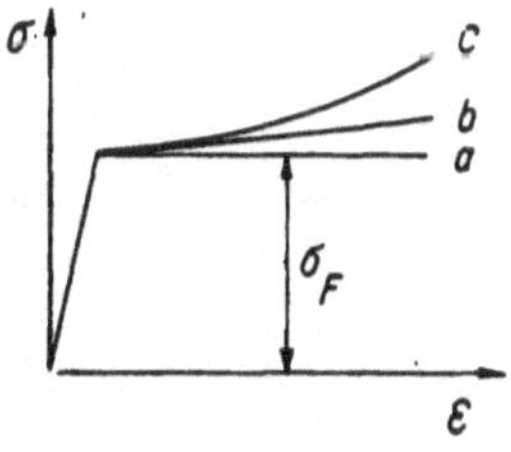

Abb. 3.

$$\varepsilon = \frac{\sigma_F}{E_1} + \frac{\sigma - \sigma_F}{E_2} \tag{5}$$

Für Dimensionierungsprobleme wird in einigen Industriezweigen aus dem elastisch ideal-plastischen Werkstoffverhalten das Traglastverfahren abgeleitet. In der Sowjetunion ist diese Berechnung nach Grenzzuständen im Bauwesen offiziell zugelassen, und es werden die Grenzzustände als Zustände definiert, bei denen Konstruktionen die Fähigkeit verlieren, äußeren Kräften entgegenzuwirken oder unzulässige Deformationen bzw. örtliche Beschädigungen erleiden.

Für einen Biegebalken mit Rechteckquerschnitt ergibt sich z. B. ein Traglastmoment von

$$M_{pl} = \frac{\sigma_F b h^2}{4}$$

gegenüber einem Moment, bei dem nur die äußere Faser gerade die Fließgrenze erreicht von

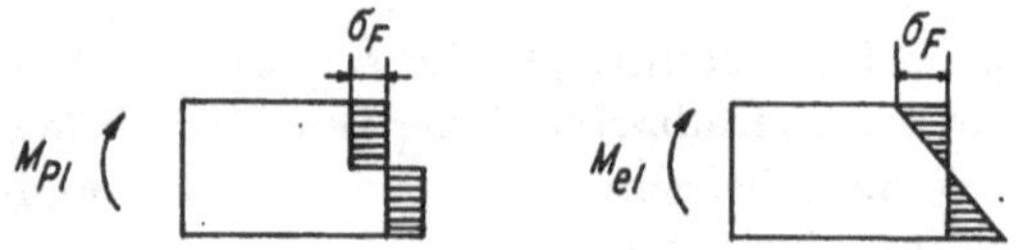

Abb. 4.

$$M_{el} = \frac{\sigma_F b h^2}{6}$$

Bei zusammengesetzter Beanspruchung ist es notwendig, mit Fließbedingungen zu arbeiten, und man unterscheidet die Fließbedingungen von
TRESCA:

$$\sigma_F = \sigma_1 - \sigma_3$$

und von MISES-HENCKY:

$$2\sigma_F^2 = (\sigma_1 - \sigma_2)^2 + (\sigma_2 - \sigma_3)^2 + (\sigma_3 - \sigma_1)^2 \qquad (6)$$

wobei

$$\sigma_1 > \sigma_2 > \sigma_3$$

Diese Fließbedingung muß neben den Gleichgewichtsbedingungen und Verträglichkeitsbedingungen erfüllt sein, um die Traglast exakt berechnen zu können. Häufig ist eine exakte Lösung nicht möglich, doch kann man zeigen, daß mit Erfüllung der Fließbedingung und der Gleichgewichtsbedingungen eine untere und mit Erfüllung der Fließbedingung und der Verträglichkeitsbedingung eine obere Schranke für die Traglast gefunden wird.

Die Traglasttheorie ist der am besten ausgearbeitete Zweig der Plastizitätsthoerie. Allgemein elastisch-plastische Berechnungen erfordern noch weitere Forschungen, denn das physikalische Wesen der komplizierten Prozesse, die im Material bei der plastischen Deformation ablaufen, ist noch nicht vollständig geklärt. Man bedient sich phänomenologischer Annahmen, die physikalisch nicht begründet sind und erwartet vom Experiment eine Bestätigung dieser Hypothese. Eine charakteristische Besonderheit im Verhalten des elastisch-plastischen Körpers ist die Abhängigkeit der Deformation von der Belastungsgeschichte. Für einachsige Belastungen stimmt die Theorie gut mit den Versuchen überein, doch bei mehrachsiger Beanspruchung treten Unstimmigkeiten auf.

Der klassische Versuch, Rohr unter Innendruck, Zug und Torsion bestätigte ein grundlegendes Prinzip der Fließtheorie, wonach der Vektor des Zuwachses der plastischen Deformation normal zur Fließfläche gerichtet ist.

In der Sowjetunion wird versucht, Erkenntnisse der ONSAGERschen Thermodynamik in der Plastizitätstheorie anzuwenden.

Um die Plastizitätstheorie umfassend in die Dimensionierung von Konstruktionen einbeziehen zu können, müssen noch viele Kennwerte ermittelt werden, die das Gebiet oberhalb der Fließgrenze betreffen. Ferner muß man wissen, wie sich das Material bei wiederholter Be- und Entlastung verhält (Abb. 5).

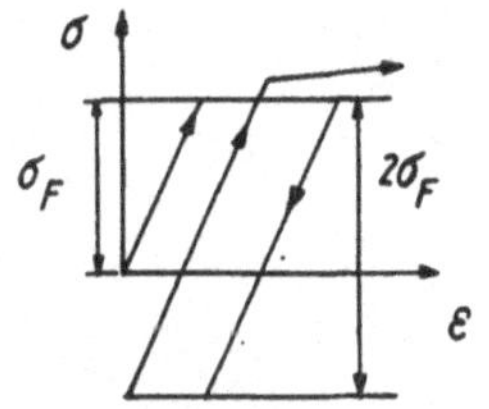

Abb. 5.

Neben diesen einachsigen Versuchen sind auch mehrachsige Spannungszustände zu untersuchen, wobei dem Prozeß der Versprödung Beachtung geschenkt werden muß.

4. *Viskoelastizitätstheorie*

Bei den bisherigen Betrachtungen trat die Zeit als Variable nicht auf. Hochpolymere und auch Metalle bei höheren Temperaturen, wie sie im Chemie- und Energieanlagenbau eingesetzt werden, vergrößern jedoch unter konstanter Last ihre Dehnungen, so daß die Zeit als Parameter eingehen muß. Bei Durchsicht der Literatur fällt die Vielfalt der von den verschiedenen Autoren vorgeschlagenen Ausdrücke zur Charakterisierung dieses Kriechprozesses auf [3]. Selbst für die Grundprinzipien der Kriechtheorie gibt es noch keine einheitlichen Gesichtspunkte, und ich möchte hier nur einige einfache Betrachtungen vorstellen.

Für einachsige Belastung können wir

$$\varepsilon(t) = \sigma_0 \, I(t) \tag{7}$$

schreiben. Die Kriechfunktion I(t) hat folgenden typischen Verlauf (Abb. 6).

Der Kehrwert von I(t) ist aber keinesfalls ein zeitabhängiger Elastizitätsmodul, denn für die o. e. Werkstoffe erhalten wir bei einer konstanten Belastung im Zeitraum $0 \leqq t \leqq t_0$ die in Abb. 7 angegebene Darstellung für $\sigma(t)$ bzw. $\varepsilon(t)$.

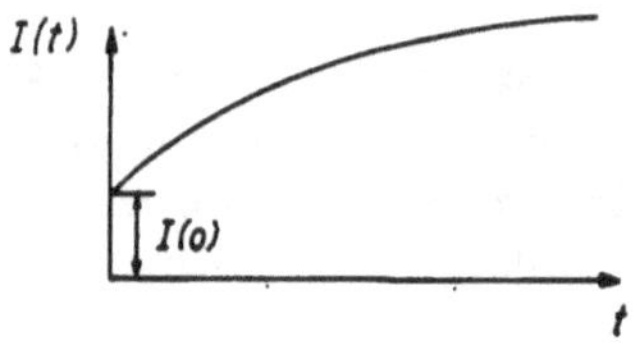

Abb. 6.

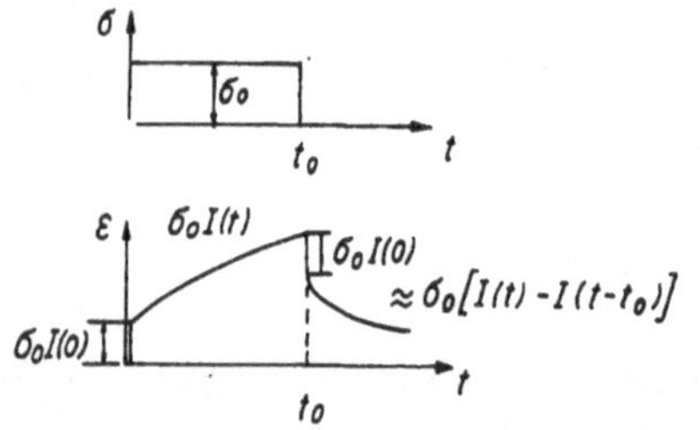

Abb. 7.

Mit $\varepsilon(t) = \sigma_0 I(t)$ ist nur ein Versuchsablauf zu beschreiben, ein Materialgesetz liegt damit nicht vor! Wenn wir lineares Materialverhalten, Alterungsfreiheit und ein lineares Gedächtnis des Materials unterstellen, können wir ein Materialgesetz wie folgt formulieren.

$$\varepsilon(t) = \int_{-\infty}^{t} I(t-\tau) \frac{\delta\sigma(\tau)}{\delta\tau} \, d\tau = I(o)\,\sigma(\tau) - \int_{-\infty}^{t} \frac{\delta\, I(t-\tau)}{\delta\tau} \sigma(\tau)\, d\tau \qquad (8)$$

Es ist hierbei für alle Zeiten $-\infty \leqq \tau \leqq t$ die Lastgeschichte zu berücksichtigen, wobei $\sigma(-\infty) = 0$ vorausgesetzt wird. Mit diesen Annahmen lassen sich einfache Aufgaben lösen, das Problem besteht in der Bestimmung des I(t). Für verschiedene Stoffe kann man den Kriechprozeß, wie in Abb. 8 angegeben, in drei Bereiche gliedern

I Primärkriechen

II Sekundärkriechen

III Tertiärkriechen.

Modelle lassen sich aus Federn-, Dämpferelementen zusammensetzen (Abb. 9).

Auch kompliziertere Strukturen sind denkbar.

Leider ist das Materialverhalten nichtlinear, und auch Alterungsfreiheit darf keinesfalls immer vorausgesetzt werden. Für wechselnde Belastungen oder Temperaturen und mehrachsige Beanspruchungen liegen noch keine gesicherten Unterlagen vor. Eine festkörper-physikalische Formulierung steht noch aus.

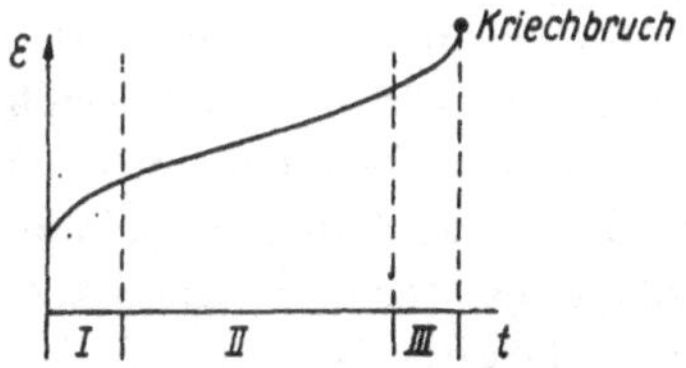

Abb. 8.

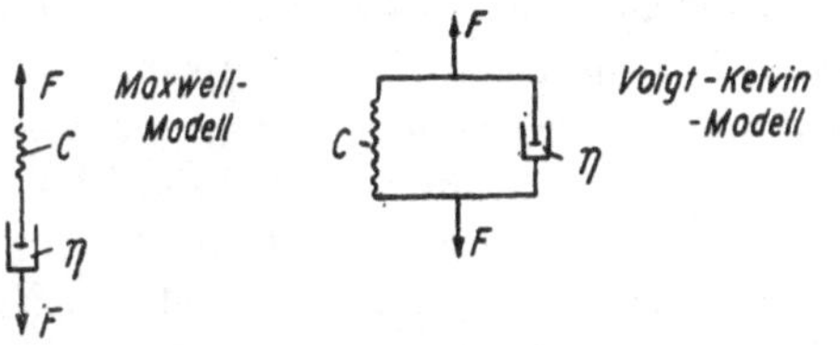

Abb. 9.

5. Wärmespannungen

Die Steigerung der Leistungsparameter technischer Konstruktionen führte auch zu höheren Temperaturen. Die damit verbundenen Effekte sind in die Festigkeitsberechnungen einzubeziehen.

Metalle dehnen sich bei Erwärmung aus. Wird die Ausdehnung behindert, so wird ein Teil der Wärmedehnung in elastische, plastische oder bei entsprechend hoher Temperatur in viskoelastische Dehnungen verwandelt. Die Folge dieser Wärmedehnungsbehinderung sind Wärmespannungen und u. U. Schädigungen des Bauteils. Hauptbeurteilungsgröße für Wärmebeanspruchungen ist also die behinderte Dehnung. Weiterhin beeinflussen die Zerstörung

— das Temperaturfeld
— der Temperaturgradient
— die Höhe der Temperatur
— die Frequenz der Lastwechsel
— die Art des Spannungszustandes.

Literaturkundig sind nur Zug-Druck-Versuche. Eine Simulierung der thermischen Dehnung durch entsprechend große elastische Dehnungen ist falsch, da bei hohen Temperaturen der Viskoseeffekt und u. U. eine Gefügewandlung beachtet werden müssen. Wärmebeanspruchungen und damit verbundene Eigenspannungen sind von entscheidender Bedeutung für das Versagen eines Bauteils bei veränderlicher Temperaturbelastung und bei spröden Werkstoffen. Das sind Werkstoffe mit kleiner Bruchdehnung, wobei aber beachtet werden muß, daß in bestimmten Temperaturbereichen ein vorher duktiler Werkstoff verspröden kann (Blaubruch) und daß ein mehrachsiger Spannungszustand und hohe Belastungsgeschwindigkeiten ebenfalls zu Versprödungserscheinungen führen können! Eine Überlagerung von Wärmespannungen mit den eigentlichen Lastspannungen ist nur im elastischen Bereich möglich. Ansonsten liefert dieses Vorgehen ein völlig falsches Bild. Für duktiles Material beeinflussen die Wärmespannungen die Tragfähigkeit einer einachsig belasteten Konstruktion kaum. Man muß also fragen nach Werkstoffeigenschaft, Höhe der Temperatur und Belastungsart. Bei vorwiegend wärmebeanspruchten Bauteilen sollte man nicht auf hohe Festigkeit, sondern auf hohes Verformungsvermögen achten. Bei inhomogenen stationären Spannungszuständen kann man örtliche Plastizierung zulassen. Bei dickwandigen Konstruktionen ist das unbedingt nötig, denn durch weitere Verstärkung kann die Wärmebeanspruchung ohnehin nicht vermindert werden. Wie weit eine örtliche Bruchdehnung von der gemessenen abweicht, ist nicht bekannt, wahrscheinlich ist der Spannungsgradient dafür entscheidend. Die Beurteilung mehrachsiger Spannungszustände könnte über die Vergleichsdehnung

$$\varepsilon_v = \frac{\sqrt{2}}{3}\sqrt{(\varepsilon_1 - \varepsilon_2)^2 + (\varepsilon_2 - \varepsilon_3)^2 + (\varepsilon_3 - \varepsilon_1)^2} \qquad (9)$$

erfolgen. Eine einfache Überlagerung von äußeren Lasten und Wärmebelastungen ist nicht möglich, denn bei äußerer Last ist die Traglast die Grenze für das Versagen, aber Wärmebelastungen haben in einer kritischen Dehnung ihren Grenzwert.

Veränderliche Wärmebeanspruchungen sind für das Versagen einer Konstruktion von größerer Bedeutung. Solange im elastischen Bereich gefahren wird, ist nur die Zahl der Lastwechsel und die Art des Spannungszustandes wichtig. Frequenz und Zeit spielen keine Rolle. Außerhalb des elastischen Gebietes und bei hohen Temperaturen kommen wieder die plastischen und viskoelastischen Betrachtungen dazu. Wegen der Viskosität spielt dabei die Frequenz der Temperaturwechsel eine wesentliche Rolle (Aussetzerbetrieb im Kraftwerksanlagenbau). Es ist noch ungeklärt, ob man dabei von einer Erholung oder von einer zusätzlichen Schädigung (Alterung) sprechen kann. Wärmeschock ist besonders gefährlich, weil das Verformungsvermögen nicht genutzt werden kann.

6. Betriebsfestigkeit

Im Maschinenbau treten vorwiegend Wechsellasten auf, die entweder nach Größe und Häufigkeit bekannt sind (Druckmaschine, Verpackungsmaschinen) oder deren Größe und Häufigkeitsverteilung unbekannt sind und erst durch Klassierverfahren festgestellt werden müssen (Fahrzeuge, Bagger). Erste Untersuchungen stammen von A. Wöhler, und in IfL-Mitteilungen, Heft 6, 1969 [4] ist die Entwicklung des Gebietes zu Ehren seines 150. Geburtstages zusammengestellt. Die Forschung auf diesem Gebiet erfordert eine unbedingte Zusammenarbeit von Konstrukteuren, Berechnungsingenieuren, Werkstoffachleuten, Festkörperphysikern u. a. Die werkstoffmechanischen Ursachen des Versagens sind hierbei noch keinesfalls geklärt. Plastische Gebiete treten im kleinen auf, und es sollte der zeitlichen Veränderung der Hystereseschleife besondere Beachtung geschenkt werden. Schwierigkeiten macht die Übertragung von Laborversuchen auf gesamte Bauteile. Im Sinne einer erhöhten Zuverlässigkeit werden z. Z. ganze Konstruktionen auf den Prüfstand genommen und Fehlstellen ausgesondert.

7. Statistische Festigkeitstheorie

Eine statistische Festigkeitstheorie wurde 1939 von W. Weibull vorgestellt. Die Erkenntnisse haben jedoch bisher kaum Eingang in die praktischen Berechnungsmethoden gefunden, obwohl sich besonders Bauingenieure um die Verbreitung der Theorie bemüht haben. Die einschlägigen Arbeiten wurden von P. Nadler zusammengetragen [5], um damit Berechnungsmethoden für Keramikbauteile bereitstellen zu können. Die Theorie baut auf folgenden Annahmen auf:

1. Ein mechanisch belasteter Körper wird als System von sehr vielen tragenden Elementen aufgefaßt. Dabei soll ein Element um einige Größenordnungen kleiner sein als der betrachtete Körper. Es muß jedoch noch alle typischen Werkstoffeigenschaften repräsentieren. Untere Grenze für ein Element sind z. B. die Korngröße oder die kritische Anrißlänge nach Griffith (Bruchmechanik).

2. Die Bruchfestigkeit der einzelnen Elemente ist statistisch verteilt und wird als Zufallsgröße durch eine statistische Verteilungsfunktion beschrieben. Man kann aber auch konstante Festigkeit der Elemente unterstellen und Spannungsspitzen durch Inhomogenitäten (Poren, Mikrorisse) mit statistischer Verteilung annehmen.
3. Bis zum Bruch wird ein rein elastisches Verhalten vorausgesetzt, so daß also die Theorie vorwiegend spröden Werkstoffen zuzuordnen ist.
4. Der Bruch eines Elementes führt zur Zerstörung des Gesamtsystems.

Während die klassische Festigkeitslehre eine determinierte Bruchspannung unterstellt, existiert in der statistischen Theorie ein Bereich, in dem einer Beanspruchung eine Bruchwahrscheinlichkeit zugeordnet ist. Ist $S_0(\delta)$ die Bruchwahrscheinlichkeit für ein Element der Größe V_0, so ist die Bruchwahrscheinlichkeit eines Körpers der Größe V, falls alle Elemente mit der gleichen Spannung beaufschlagt werden,

$$S_V(\sigma) = 1 - [1 - S_0(\sigma)^{\frac{V}{V_0}} \qquad (10)$$

Falls z. B. $S_0(\sigma) = 50\%$, so gilt für $V = 3\ V_0$ bereits $S_V(\sigma) = 87{,}5\%$.

Weibull definiert dann noch ein Maß für die Bruchwahrscheinlichkeit

$$B(\sigma) = \ln \frac{1}{1 - S(\sigma)} \qquad (11)$$

und es lassen sich mit Kenntnis dieses Maßes für durch konstante Spannung σ_0 beanspruchtes Volumen Verhältniswerte zu anderen nicht zu komplizierten Beanspruchungen angeben. Durch die Einführung einer nur von der Querschnittsform und der Beanspruchungsart abhängigen sogenannten Spannungsdichtefunktion gelingt auch die Lösung schwierigerer Probleme. Werkstoffkennwerte müssen anschließend in ihrer statistischen Verteilung, an Stelle bisher als Mittel- bzw. Grenzwerte, angegeben werden.

8. Zusammenfassung

Die Berechnungen in der Festkörpermechanik werden noch nach Methoden der Kontinuumsmechanik durchgeführt. Als Materialgesetz reicht das Hookesche Gesetz nicht mehr aus. Neben der Elastizitätstheorie stehen gleichberechtigt die Plastizitäts- und Viskoelastizitätstheorie (Abb. 10), und es ist industriezweigspezifisch, welcher Anteil in den Berechnungsvorschriften dominiert. Stahlbauprobleme liegen sicher zwischen E und P, Konstruktionsteile aus Plast zwischen E und V, hochtemperaturbeanspruchte Anlagen im Inneren des Bereiches usw. (Abb. 10) [6]. Mit den am Modell ermittelten rechnerischen Spannungen ist eine Festigkeitsberechnung nicht abgeschlossen. Die Beurteilung dieser Spannungen muß sich anschließen. Die bisher vorliegenden Werkstoffkenngrößen reichen dazu nicht aus. Eine Weiterentwicklung der Festkörper-

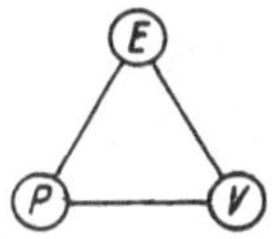

Abb. 10.

mechanik wird mit dem Werkstoffachmann und dem Festkörperphysiker erfolgen. Alle Parameter (Lasten, Abmessungen, Werkstoffkennwerte usw.) werden in absehbarer Zeit als statistische Größen betrachtet werden müssen.

Unabhängig davon kann aber festgestellt werden, daß die Festkörpermechanik in vielen Bereichen zuverlässige Berechnungsverfahren bereitstellt, die aber von manchen Industriezweigen noch ungenügend aufgegriffen werden. Der Entwicklungsstand der praktischen Berechnung von Konstruktionen wurde auch auf der letzten Konferenz in Vilnius über Fragen der Zuverlässigkeit als sehr niedrig eingeschätzt. Es ist eine wesentliche Aufgabe aller an einem optimalen Werkstoffeinsatz interessierten Fachleute, dafür Sorge zu tragen, daß Voraussetzungen geschaffen werden, die vorliegenden theoretischen Erkenntnisse in die Praxis einzuführen.

Literatur

[1] Schäfer, H.: Das Cosserat-Kontinuum, ZAMM 1967.
[2] Neuber, H.: Die schubbeanspruchte Kerbe im Cosserat-Körper, ZAMM 1967.
[3] Rabotnow, J. N.: Das Kriechen von Konstruktionselementen, Verlag Wissenschaft, Moskau 1966.
[4] IfL-Mitteilungen, Heft 6, 1969.
[5] Nadler, P.: Beitrag zur statistischen Festigkeitstheorie, erscheint demnächst in der Wissenschaftlichen Zeitschrift der TU Dresden.
[6] Wölfel, J.: Festigkeitslehre im Zusammenhang. Vortrag auf der Tagung „Festkörpermechanik", Oktober 1970.

H. Rötger

Entwicklung und Anwendung der Vorstellungen über das Relaxationsverhalten von Glas[1]

In einer Reihe von modernen praktischen Anwendungen spielt die zeitliche Stabilität bestimmter physikalischer Eigenschaften von Gläsern oder allgemeiner ihr Relaxationsverhalten eine wichtige Rolle.

So muß z. B. bei Glasverzögerungsleitungen für Farbfernsehgeräte gewährleistet sein, daß sich die vorgegebene Laufzeit von 64 μs für die Ultraschallwelle im Bereich von 20 bis 60 °C um nicht mehr als 5 ns ändert. Diese hohe Forderung schließt eine entsprechende Langzeitkonstanz ein. Bei Glasmaßstäben, die bevorzugt zur Automatisierung von Meß- und Werkzeugmaschinen verwendet werden, ist eine zeitliche Längenkonstanz von besser als 1 μm auf 1 m Länge notwendig.

Bereits vor 80 bis 90 Jahren beschäftigte man sich ausführlich mit Relaxationserscheinungen im Zusammenhang mit dem säkularen Eispunktanstieg bei schnell gekühlten Thermometern, siehe z. B. HOVESTADT [1]. Wegen der mit diesem Effekt verbundenen hohen Meßgenauigkeit von $1{,}5 \cdot 10^{-6}$ für die Volumenänderung wurde er überhaupt erst entdeckt und ist noch heute aktuell. Die praktische Lösung dieser Probleme liegt sowohl in der Wahl einer geeigneten Glaszusammensetzung als auch in der Festlegung einer definierten Wärmebehandlung.

Zur wissenschaftlichen Untersuchung der Grunderscheinungen und Gesetzmäßigkeiten sind solche Beispiele aus der Praxis in der Regel zu kompliziert. Hierfür muß man sich vielmehr einfache, klar übersehbare Bedingungen schaffen. Im folgenden wird dargelegt, wie der Verf. zu der Erkenntnis gekommen ist,

1. daß im festen Glas Relaxationsprozesse verschiedener Art vor sich gehen,
2. wie diese Vorgänge der inneren Reibung theoretisch zu beschreiben sind und

[1] Die Kürzung und Überarbeitung des Vortrages hat in dankenswerter Weise mein Mitarbeiter, Herr Dipl.-Phys. Ernst Werner, durchgeführt.

3. wie man durch sinnvolle Auswertung einfacher mechanischer Messungen kompliziert erscheinende Alterungsvorgänge quantitativ erklären kann.

1934 sollte im Rahmen einer Dissertationsarbeit „Über die innere Reibung fester Körper" speziell das aus der Abklingung von zu Schwingungen angeregten Metallstäben ermittelte logarithmische Dekrement λ bezüglich seiner *Eignung als Materialkonstante* geprüft werden [2]. Hierzu wurden waagerecht eingespannte Metallstäbe mit einer Schwingungsmasse am freien Ende zu horizontalen Biegeschwingungen mit einer Schwingungsdauer von 0,4 bis 1,5 s angeregt. Das logarithmische Dekrement λ als der dekadische Logarithmus des Verhältnisses zweier gleichgerichteter Amplituden erwies sich unabhängig von der Größe des Ausschlages. Nach Eliminierung der Luftreibung verblieb ein Maß für die „innere Reibung" des Materials.

Nach den damaligen Vorstellungen, z. B. bei Clemens Schaefer, und auch in den meisten heutigen Lehrbüchern wird die gedämpfte Schwingung durch den Ansatz beschrieben: „Reibungskraft proportional der Geschwindigkeit". Das theoretische Resultat ist: *„λ proportional der Schwingungsdauer T."*

Durch die eigenen Untersuchungen wurde aber das Gegenteil gefunden: Mit steigender Schwingungsdauer nahm λ ab!

Es ergab sich nun die Frage, wie weit sich der Anstieg nach höheren Frequenzen fortsetzt. Zu diesem Zweck wurde λ aus erzwungenen Schwingungen ermittelt, die von einem Tonsender erzeugt wurden. Wegen der mit zunehmender Frequenz stark ansteigenden Luftdämpfung mußten die Messungen im Vakuum durchgeführt werden. Das Ergebnis der Messungen von $\lambda = f\left(\lg T = \lg \frac{1}{\nu}\right)$ im Bereich von $\nu \approx 0{,}5$ bis 500 Hz an verschiedenen Metallstäben zeigt Abb. 1: Entgegen der ursprünglich erwarteten Konstanz des Dekrements wiesen alle Kurven Maxima auf.

Zur Beschreibung dieses Phänomens waren die bisherigen Theorien der inneren Reibung völlig ungeeignet. Deshalb wurde eine eigene Theorie entwickelt. Die Grundlage für alle diesbezüglichen Theorien ist die Kräftebilanz:

$$\begin{aligned} K_{\text{Trägheit}} + K_{\text{Innen}} &= K_{\text{Außen}} \\ m \cdot \ddot{y} + \;\; ? \;\; &= \underset{\substack{\downarrow \\ \text{aperiodisch}}}{mg} \quad \text{oder} \quad = \underset{\substack{\downarrow \\ \text{periodisch}}}{0} \end{aligned} \tag{1}$$

Es geht im folgenden um die Eigenschaften der Innen-Kräfte.

Die Grundlagen der eigenen Theorie beruhen auf dem Maxwell-Modell „Eine elastische Feder mit einem Stempel, der sich in einer reibenden Flüssigkeit bewegt“ in Abb. 2 [3]. Bei festgehaltenem Stempel ist die Kraft K, die zur Deformation y führt, streng proportional zu y; der Proportionalitätsfaktor α stellt die Federkonstante dar (HOOKEsches Gesetz):

$$\left(\frac{\delta K}{\delta y}\right) = \alpha. \tag{2}$$

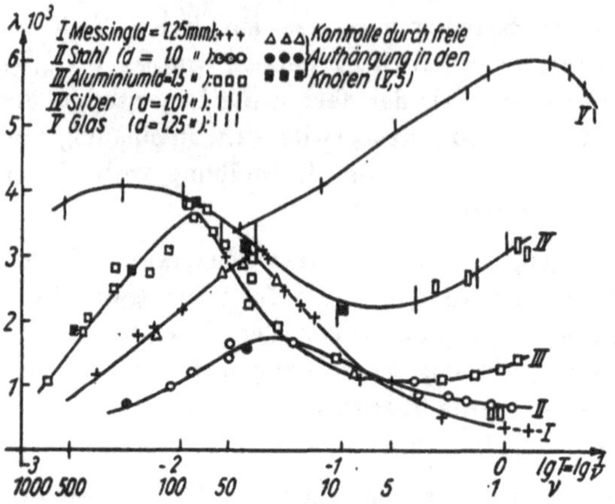

Abb. 1. Zusammenstellung der 1936 gefundenen reinen Materialdekremente in Abhängigkeit von der Schwingungsdauer [2, Abb. 9].

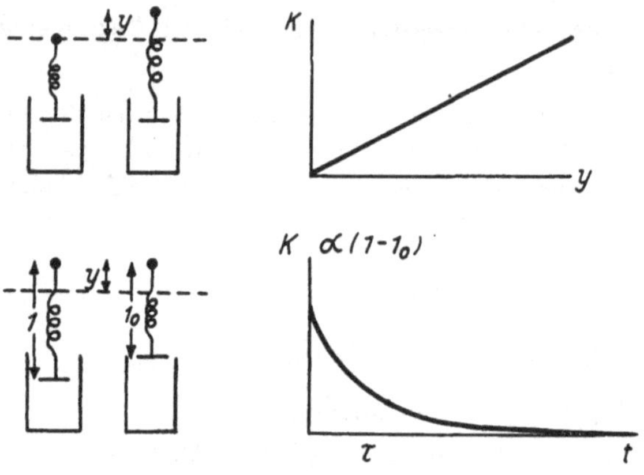

Abb. 2. Grundgleichungen der Theorie der inneren Reibung [3, Abb. 2].

Wie im oberen Beispiel wird zunächst bei festgehaltenem Stempel die Feder um die Strecke y deformiert. Dann wird unter Aufrechterhaltung der Deformation y der Stempel losgelassen und die zeitliche Veränderung der Kraft, also $\dot{K}$ beobachtet. Man erhält

$$\left(\frac{\delta K}{\delta t}\right)_y = -\frac{1}{\tau} K \tag{3}$$

(τ = Relaxationszeit).

Bei konstant gehaltener Zeit (t) gilt also das HOOKEsche Gesetz, bei konstant gehaltener Deformation (y) dagegen das MAXWELLsche Gesetz (entsprechend dem NEWTONschen Abkühlungsgesetz).

Die Kraft K ist also abhängig von y und t. Für das totale Differential dK gilt

$$dK = \left(\frac{\delta K}{\delta y}\right)_t dy + \left(\frac{\delta K}{\delta t}\right)_y dt, \tag{4}$$

für ein MAXWELL-Modell also

$$\dot{K} = \alpha \dot{y} - \frac{1}{\tau} K. \tag{5}$$

Ein realer Körper läßt sich dagegen nur durch die Annahme mehrerer parallelgeschalteter MAXWELL-Modelle beschreiben [4]. Dazu wird im folgenden nur ein sehr *einfacher Fall* betrachtet: zwei Töpfe, von denen außerdem der eine entartet ist, so daß hier *nur* eine *elastische* Feder vorliegt. Dies ist der Fall „idealer elastischer Nachwirkung“.

Dann gilt

$$K_{\text{Innen}} = K_1 + K_2 \quad \text{mit} \quad K_1 = \alpha_1 y$$

$$\dot{K}_2 = \alpha_2 \dot{y} - \frac{1}{\tau} K_2. \tag{6}$$

K_1 ist also direkt, K_2 dagegen nur über $\dot{K}_2$ gegeben. Dies führt zu einer inhomogenen Differentialgleichung 3. Ordnung

$$m\dddot{y} + \frac{1}{\tau} m\ddot{y} + (\alpha_1 + \alpha_2)\dot{y} + \frac{\alpha_1}{\tau} y - \frac{1}{\tau} mg = 0, \tag{7}$$

wobei gemäß (1) im periodischen Fall die äußere Kraft (mg) bzw. im aperiodischen Fall das von der Trägheitskraft herrührende Glied $\dddot{y}$ vernachlässigt wird.

Nach [3] ergeben sich dafür folgende Lösungen:

a) bei periodischem Vorgang

$$\frac{\lambda}{\lambda_{max}} = \frac{2}{\frac{T}{2\pi\tau} + \frac{2\pi\tau}{T}} \tag{8}$$

b) bei aperiodischem Vorgang (konstante Belastungskraft)

$$\frac{\mu}{\mu_{\max}} = e \frac{t}{\tau} e^{-\frac{t}{\tau}} \tag{9}$$

Zwischen beiden Dekrementen gilt die Beziehung

$$\mu_{\max} = \frac{2M^2}{\pi e} \lambda_{\max} = 1{,}24\, \lambda_{\max}. \tag{10}$$

Es bedeuten:

λ = dekadisches log. Dekrement

μ = aperiodisches Dekrement = $\frac{dy}{y_0 d \lg t}$

T = Schwingungsdauer

t = Meßzeit seit Beginn der Belastung

τ = Relaxationszeit

M = ln 10 = 2,3026

Abb. 3 zeigt die graphische Darstellung der reduzierten Dispersionskurven. Während $\frac{\lambda}{\lambda_{\max}}$ — in logarithmischer Darstellung — symmetrisch verläuft, zeigt $\frac{\mu}{\mu_{\max}}$ eine Unsymmetrie. Die Anwendung dieser Theorie auf die in Abb. 1 gezeigten experimentellen Werte ergab eine gute Übereinstimmung. Damit war 1936 bewiesen, daß bei den untersuchten Materialien ein Relaxationsprozeß

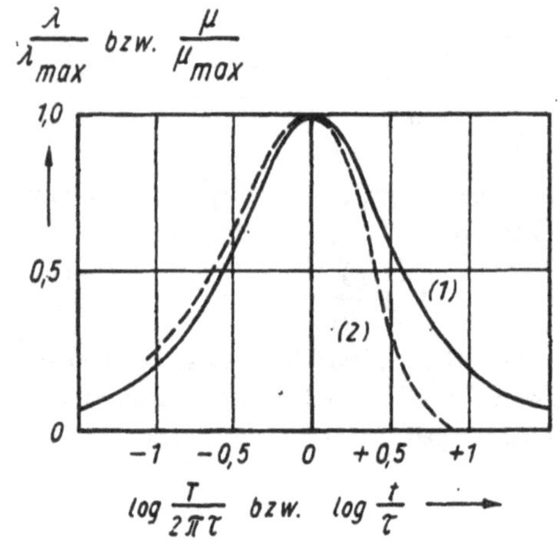

Abb. 3. Reduzierte Dispersionskurven der „idealen elastischen Nachwirkung“ [3, Abb. 6].

vorliegt, dessen Ursache sowohl eine Materiediffusion als auch ein Energietransport sein konnte. Ein Jahr später wies ZENER [5] an Hand dieser Experimente nach, daß für das mechanische Relaxationsverhalten der Metalle die Wärmeleitung, also der Energietransport eine entscheidende Rolle spielt [6].

Glas zeigte dagegen eine weit größere Dämpfung als auf Grund des Wärmeleiteffektes zu erwarten war. Bereits in [4, S. 422] und [7] wurde deshalb die Vermutung geäußert, daß bei Glas die Dämpfung fast ausschließlich durch Materiediffusion hervorgerufen wird. Zum experimentellen Nachweis kann man die starke Temperaturabhängigkeit des Diffusionskoeffizienten ausnutzen. Es empfiehlt sich also, nicht wie bisher bei konstanter Temperatur die Frequenz zu variieren, sondern umgekehrt zu verfahren.

In der Literatur war bereits 1914 [8] ein solcher Verlauf des log. Dekrementes λ in Abhängigkeit von der Temperatur für eine feste Schwingungsdauer von 6,8 s (υ = 0,15 Hz) an Normalglas 16^{III} durchgeführt worden. Die 1938 vom Verf. durchgeführten Messungen an Stäben dieses Glases bei 1,6 und 80 Hz zeigten eine Verschiebung des Maximums nach höheren Temperaturen: Während es bei 0,15 Hz noch bei Raumtemperatur liegt, wandert es über 60 °C bei 1,6 Hz bis zu 109 °C bei 80 Hz, siehe Abb. 4. Hiermit war erstmals der Beweis erbracht, daß im Glas bereits bei Raumtemperatur materielle Diffusion erfolgen kann, was vor 33 Jahren eine fundamentale Erkenntnis war.

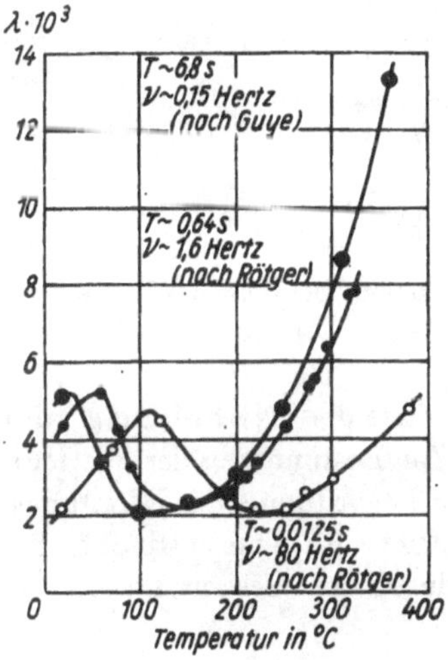

Abb. 4. Log. Dekrement (λ) bei 16^{III} in Abhängigkeit von der Temperatur bei drei verschiedenen Schwingungsdauern (T) bzw. Meßfrequenzen (ν) [3, Abb. 7].

Stellt man die zu den Maxima gehörigen Relaxationszeiten in Abhängigkeit vom Kehrwert der absoluten Temperatur des Maximums im Sinne von Arrhenius dar, so ergibt sich bei Normalglas 16^{III} für die betrachtete Nachwirkungsgruppe eine Aktivierungsenergie von $Q \approx 18$ kcal/Mol [3, Abb. 8]. Der gleiche Wert war bereits aus Messungen der chemischen Beständigkeit sowie der elektrischen Leitfähigkeit bekannt. Hiermit war praktisch bewiesen, daß es sich um eine Alkali-Ionenwanderung handelt, bei 16^{III} speziell um Na^+-Diffusion.

Ein Vergleich der experimentellen Kurve für $\nu = 80$ Hz mit der für „ideale elastische Nachwirkung", d. h. unter Annahme einer einzigen Nachwirkungssorte mit der Aktivierungsenergie $Q = 18$ kcal/Mol berechneten Kurve zeigt Abb. 5. Hieraus ergibt sich, daß die reale Verteilung viel breiter ist.

Analog zu einem Schwingungsvorgang läßt sich der Fall konstanter Belastung (aperiodischer Vorgang) betrachten, z. B. wie in [6, Abb. 1] für den Fall eines einseitig eingespannten Stabes. Bei konstanter Belastung erhält man als

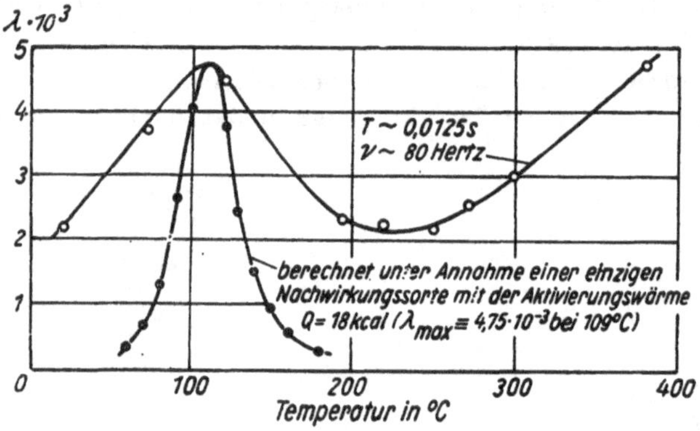

Abb. 5. Vergleich einer an 16^{III} experimentell ermittelten Dekrements-Temperatur-Kurve mit der für „ideale elastische Nachwirkung" berechneten [3, Abb. 9].

Hauptwirkung einen großen Ausschlag y, der im Zuge der „Nachwirkung" sich im Laufe der Zeit noch um etwa 1% vergrößert. Zur Bestimmung des aperiodischen Dekrementes μ wird y in Abhängigkeit vom Logarithmus der Belastungszeit dargestellt. Ermittelt man die Neigung der Kurve für eine bestimmte Belastungszeit, z. B. für $t = 100$ s und dividiert durch den Gesamtausschlag y, so erhält man das aperiodische Dekrement

$$\mu = \frac{1}{y_{t=100}} \cdot \left(\frac{dy}{d \lg t}\right)_{t=100''}. \tag{11}$$

Wie beim logarithmischen Dekrement λ ergibt sich auch für μ in Abhängigkeit von der Temperatur ein Maximum, das sich bei kleinen Meßzeiten – entsprechend einer größeren Meßfrequenz – nach höheren Temperaturen verschiebt.

Die binären (33,3 Mol-% Li_2O, 29,4 Mol-% Na_2O bzw. 33,3 Mol-% K_2O) Alkalisilikatgläser weisen zwei Maxima auf, wie in Abb. 6 sowohl für μ als auch für λ dargestellt ist.

Das bei tiefen Temperaturen liegende Maximum entspricht der Alkaliionen-Diffusion. Das zweite, stärker gebundene Maximum wurde vom Verfasser durch Diffusion der die Trennstellen verursachenden R_2O-Gruppen erklärt. Entsprechend dieser Auffassung bezeichnete man in den USA dieses Maximum auch mit N-B-O (non bridging-oxygen).

Beim Übergang vom binären Alkalisilikatglas zu einem mit zwei im Molverhältnis 1 : 1 enthaltenen Alkalien trat an Stelle der beiden Einzelmaxima ein sehr hohes Mischalkalimaximum auf, dessen Deutung heute noch umstritten ist[2].

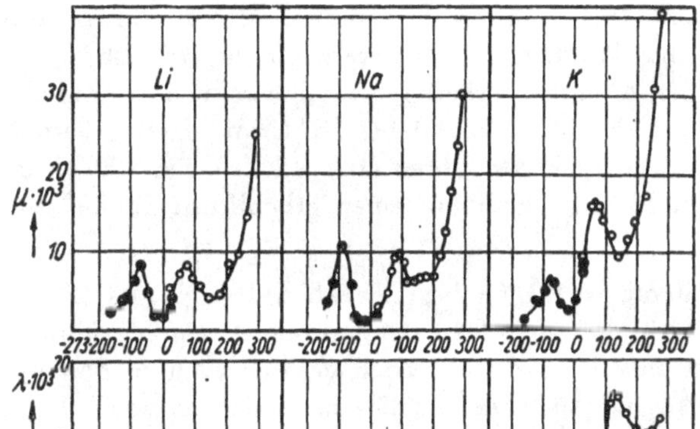

Abb. 6. Elastische Nachwirkung bei drei Alkali-Silikatgläsern für die Meßrelaxationszeiten $\tau_M = 100\,s$ (μ) und $\tau_M \approx 1/10\,s$ (λ) in Abhängigkeit von der Temperatur [6, Abb. 4].

2 In jüngster Zeit ist eine starke Abhängigkeit des N—B—O-Maximums von dem (geringen) H_2O-Gehalt des Glases nachgewiesen worden, wodurch sich als Erklärung eine Proton-Alkaliion-Mischwirkung anbietet in Analogie zum Mischalkali-Effekt [9].

Eine praktische Anwendung der Relaxationstheorie soll am Beispiel der Präzisionsvolumenmessung mit Glashohlgefäßen gezeigt werden. Bei einer Temperaturänderung stellt sich das zur Endtemperatur gehörige Gleichgewichtsvolumen nicht sofort ein: Momentan verläuft nur die Einstellung der rein elastischen Strukturanteile, worauf sich der Nachwirkungsanteil anschließt, in dem sich die diffusionsfähigen Teilchen auf die zu der neuen Temperatur gehörigen Gleichgewichtspositionen begeben! Falls die Volumenänderung durch eine enge Flüssigkeitssäule sichtbar gemacht wird, liegt das bereits erwähnte Phänomen des säkularen Eispunktanstiegs von Thermometern vor.

In [10] wurden zur quantitativen Berechnung dieses Effektes zunächst λ und μ als Funktion der Temperatur dargestellt, daraus die Einfriertemperatur für die leicht beweglichen Sorten ermittelt und die Relaxationszeiten auf die Beobachtungstemperatur umgerechnet. Es ergibt sich, daß für die Eispunktveränderungen im Laufe von 10 Jahren die Höhe des logarithmischen Dekrements λ für etwa 1,6 Hz — entsprechend einer Meßzeit von etwa 0,1 s — im Bereich von 100 bis 200 °C maßgebend ist. Bei dem Thermometerglas 16^{III} liegt gerade hier das Minimum der elastischen Nachwirkung: $\lambda_{min} = 3 \cdot 10^{-3}$. Es ist möglich, den Eispunktanstieg Δ bei bestimmten Alterungstemperaturen in Abhängigkeit von der Alterungszeit zu berechnen. In [10] ist in den Abbildungen 12 und 13 der Alterungsverlauf für zwei verschiedene Kühlzustände (abgeschreckt und gekühlt mit 1 grd/h) bei 16 °C und 100 °C berechnet: Bei 16 °C beträgt der Anstieg in 10 Jahren etwa 0,1 grd, bei 100 °C dagegen etwa 0,5 grd, wobei hier die Kühlung einen erheblichen Einfluß hat (Faktor 2).

Bei dem Mischalkali-Silikatglas VR 63 liegt zwischen 100 °C und 200 °C gerade das Maximum: $\lambda_{max} = 15 \cdot 10^{-3}$. Deshalb sind hier wesentlich stärkere Eispunktverschiebungen zu erwarten. Entsprechend ergibt sich nach den Abbildungen 9 und 10 von [10] bei 16 °C ein Anstieg in 10 Jahren von 0,7 grd und bei 100 °C von 0,9 grd. Bemerkenswert ist, daß bei diesem Glas die Kühlung für die 16 °C-Alterung einen starken Einfluß hat, während die Alterung bei 100 °C praktisch unabhängig vom Kühlzustand verläuft. Erst bei wesentlich längeren Alterungszeiten würde sich auch bei diesem Glas der Einfluß der Kühlung bei höheren Temperaturen stärker als bei niedrigen bemerkbar machen. Solche Aussagen über langzeitige Änderungen lassen sich allein aus Nachwirkungsexperimenten bei nur 5 h Meßzeit gewinnen.

Bisher wurden nur Nachwirkungsgruppen bei relativ niedrigen Temperaturen betrachtet. Beim Übergang zu höheren Temperaturen ist das Gerüst nicht mehr starr. Das Modell muß also geändert werden: Wie Abb. 7 zeigt, ist in beiden Töpfen eine endliche Relaxationszeit τ einzuführen.

Mit

$$\alpha = E \frac{q}{L} = 2(1+\mu) G \frac{q}{L} \tag{12}$$

und

$$y_0 = \frac{mg}{\alpha_1 + \alpha_2} \tag{13}$$

ergibt sich für den Fall konstanter Belastungskraft (Retardationsvorgang) folgende Lösung:

$$y = y_0 + y_N (1 - e^{-rt}) + \dot{y}_\infty t. \tag{14}$$

Bei niedrigen Temperaturen gilt dabei

$$y_N = y_0 \frac{\alpha_2}{\alpha_1} \tag{15}$$

$$r = \frac{\alpha_1}{\alpha_1 + \alpha_2} \cdot \frac{1}{\tau} \tag{16}$$

$$\dot{y}_\infty = y_0 \cdot 0 = 0 \qquad \text{(siehe (20) mit } \tau_1 = \infty) \tag{17}$$

und bei hohen Temperaturen

$$y_N = y_0 \left(\frac{1 - \frac{\tau_2}{\tau_1}}{1 + \frac{\alpha_2}{\alpha_1} \frac{\tau_2}{\tau_1}} \right)^2 \tag{18}$$

$$r = \frac{\alpha_1}{\alpha_1 + \alpha_2} \frac{1}{\tau_2} + \frac{\alpha_2}{\alpha_1 + \alpha_2} \frac{1}{\tau_1} \tag{19}$$

$$\dot{y}_\infty = y_0 \frac{1}{\frac{\alpha_1}{\alpha_1 + \alpha_2} \tau_1 + \frac{\alpha_2}{\alpha_1 + \alpha_2} \tau_2} \tag{20}$$

Aus den vier Meßgrößen y_0, y_N, r und $\dot{y}_\infty$ lassen sich α_1, α_2, τ_1 und τ_2 berechnen.

Führt man solche Stabdehnungsversuche an einem jeweils stabilisierten Glas bei verschiedenen Temperaturen durch, so ergeben sich außerdem auch die Aktivierungsenergien Q_1 und Q_2 für die beiden Teilmechanismen τ_1 und τ_2. Solche Experimente sind 1937 von Taylor und Dear [11] für 28% Na_2O Silikatglas veröffentlicht worden. Bei der Auswertung [12] im Sinne der hier dargelegten Theorie ergaben sich für τ_1 und τ_2 Werte, die im Mittel um etwa den

Faktor 6 unterschiedlich waren. Die Aktivierungsenergien berechneten sich für die langsame Sorte zu $Q_1 = 145$ kcal/Mol, für die schnellere Sorte zu $Q_2 = 96$ kcal/Mol.

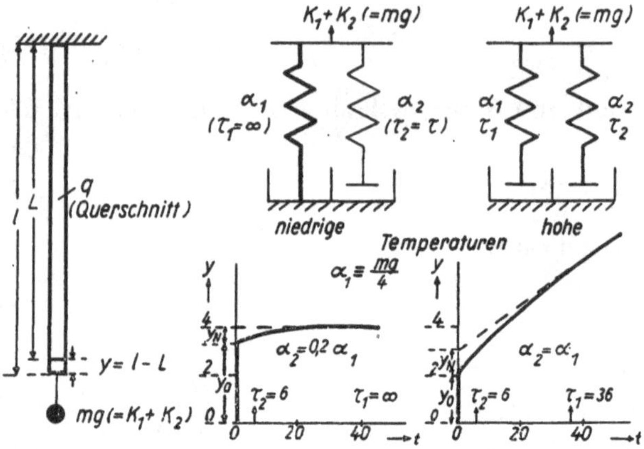

Abb. 7. Glasstabdehnung bei niedrigen und hohen. Temperaturen nach (trägheitsloser) Belastung mit konstanter Kraft (schematisch).

Im Einfrierbereich liegt also nicht nur ein Ausgleichsmechanismus vor, sondern es existieren mindestens zwei Sorten. Das *akustische Spektrum* ist also auch für die im *Einfrierbereich* maßgebenden Gerüstanteile *nicht monochromatisch!*

Eine sehr eindrucksvolle Bestätigung dieser Erkenntnis haben in den letzten Jahren Macedo und Napolitano [13] gegeben. Sie führten Brechzahlmessungen an Meßproben durch, die zuvor bestimmte Temperaturübergänge („crossover") durchliefen. Bekanntlich stellt sich bei hinreichend langer Temperung bei jeder Temperatur eine Gleichgewichtsbrechzahl n_∞ ein, die bei niedrigen Temperaturen höher als bei hohen liegt und deren Abhängigkeit von der Temperatur im Transformationsbereich durch eine Gerade dargestellt werden kann. Nach raschem Übergang einer Glasprobe von einer hohen Temperatur ϑ_2 zu einer niedrigeren (ϑ_1) ist ein zeitlicher Brechzahlanstieg zu beobachten. Wird nun diese Gleichgewichtseinstellung unterbrochen und die Meßprobe auf eine Temperatur gebracht, der die momentane Brechzahl als Gleichgewichtswert entspricht, so ergibt sich ein vorübergehender Abfall mit nachfolgendem Anstieg bis zum Wiedererreichen des Gleichgewichtswertes. Dieser experimentelle Verlauf läßt sich zwanglos unter der Annahme von zwei partiellen Gleichgewichtseinstellvorgängen, die mit verschiedenen Relaxationszeiten τ_1 und τ_2 ablaufen, erklären.

Es ergibt sich also, daß nicht nur bei niedrigen Temperaturen diskrete Relaxationszeiten auftreten, sondern auch bei hohen Temperaturen. Jeder Relaxationszeit entspricht eine bestimmte Scherelastizität und eine bestimmte Aktivierungsenergie. Es ist eine lohnende Aufgabe für die Zukunft, die Verteilungsfunktion der elastischen Kräfte auf die Aktivierungsenergien für die Gläser verschiedener Zusammensetzung zu ermitteln.[3]

Literatur

[1] Hovestadt, H.: Jenaer Glas. Gustav Fischer Verlag, Jena 1900.

[2] Bennewitz, K., und H. Rötger: Über die innere Reibung fester Körper. Phys. Z. **37** (1936), S. 578—588, **39** (1938), S. 835 ff.

[3] Rötger, H.: Elastische Nachwirkung durch Wärmediffusion (thermische Reibung) und Materiediffusion (eigentliche innere Reibung) bei periodischem und aperiodischem Vorgang. Glastechn. Ber. **19** (1941), S. 192—200.

[4] Bennewitz, K., und H. Rötger: Über den plastisch-elastischen Zustand. Phys. Z. **40** (1939), S. 416—428.

[5] Zener, Cl.: Internal Friction in Solids. Phys. Rev. **52** (1937), S. 230—235, **53** (1937), S. 90—99.

[6] Rötger, H.: Neuere Erkenntnisse über das Relaxationsverhalten der Gläser. Wiss. Zeitschrift der FSU Jena **7** (1957/58), S. 237—246.

[7] Rötger, H.: Zur „inneren" Dämpfung von Schwingungen in Werkstoffen. Glastechn. Ber. **18** (1940), S. 362—363.

[8] Guye u. Vassileff: Arch. d. Sc. phys. et nat. **37** (1914), S. 214 u. 301 ff.

[9] Maklad, M. S., u. N. J. Kreidl: Some Effects of OH Groups on Sodium Silicate Glasses. Sci. and Techn. Comm. of the 9 the Intl. Congress on Glass, Bd. I, S. 75—100. Inst. du Verre, Paris 1971.

[10] Rötger, H.: Vorausberechnung der Eispunktsveränderungen bei Thermometern auf Grund von kurzfristigen Messungen der elastischen Nachwirkung an dünnen Stäben der Thermometergläser. Silikattechn. **7** (1956), S. 496—503.

[11] Taylor, N. W., u. P. S. Dear: Elastic and Viscous Properties of Several Soda-Silica Glasses in the Annealing Range of Temperature. J. Am. Ceram. Soc. **20** (1937), S. 296—304.

[12] Rötger, H.: Berechnung der Relaxationskonstanten aus Dehnungsversuchen an Natron-Silicatgläsern nach Messungen von Taylor und Dear. Z. phys. Chem. (B) **48** (1940), S. 108—113.

---

[3] Inzwischen wurden vom Verf. hierüber entsprechende Vorstellungen entwickelt und veröffentlicht [14, 15]. In [15, Gl. (21)] bezieht sich die Größe G auf die für die Experimente im Transformationsbereich nötige Zusatzkraft unter Einbeziehung des unrelaxierten Anteils der inneren Kräfte der Untersuchungsprobe, wobei die unterschiedlichen Formfaktoren zu berücksichtigen sind (die sich in diesem Falle nicht herausheben).

[13] Macedo, P. B., und A. Napolitano: Effects of a Distribution of Volume Relaxation Times in the Annealing of BSC Glass. J. Res. Nat. Bur. Stand. **71 A** (1967), S. 231—238.
[14] Rötger, H.: Relaxation Times and Viscosity. J. Non-Crystalline Solids **14** (1974), S. 201—217.
[15] Rötger, H.: Relaxationszeiten und Zähigkeit. Wiss. Zeitschrift der FSU Jena **23** (1974), S. 307—326.

FSC
www.fsc.org
MIX
Papier | Fördert gute Waldnutzung
FSC® C083411

Kolibri 360 GmbH
Ferdinand-Jühlke-Straße 7
99095 Erfurt, Deutschland
produktsicherheit@kolibri360.de